딱 보면
바로 아는
시계보기

초등 **1·2** 학년

길벗스쿨

KB127428

시계 보기, 왜 어려울까?

What

무엇이 어려울까요?

Why

왜 어려울까요?

1

바늘이 두 갠데 길이가 다르네.

시계는 복잡한 구조로 이루어져 있어요.

시계는 1부터 12까지의 숫자, 길이가 다른 2개(또는 3개)의 바늘, 숫자 사이에 작은 눈금 등 다양한 요소들로 복잡한 구조를 이루고 있습니다. 그중에서도 계속 움직이는 시곗바늘을 아이들은 가장 이해하기 어려워합니다.

2

2시 50분?

10시 10분?

시계 보기는 다양한 사고 체계를 요구해요.

시각이 눈에 바로 보이는 디지털시계와 달리 아날로그시계를 보고 '몇 시 몇 분'인지 아는 것은 생각보다 단순하지 않습니다. 같은 숫자를 가리켜도 시곗바늘 종류에 따라 '시'와 '분'이 다르고 시계는 60진법에 따라 움직이기 때문입니다. 이렇듯 시계를 보고 읽는 것은 복잡한 절차와 수학 개념을 포함하고 있습니다.

3

수학 시간은 9시에 시작해서 40분 동안 수업합니다.

'시각'과 '시간'은 달라요.

시계를 보면 '몇 시 몇 분'인지 '시각'뿐만 아니라 '30분 동안'과 같이 경과되는 '시간'의 개념까지 알 수 있습니다.
일상생활에서는 '시각'보다는 '시간'이라는 낱말을 주로 사용하기 때문에 아이들은 그 차이를 잘 알지 못합니다.

'시계 보기' 이렇게 공부해요.

내 손으로 직접 시계를 만들며 익혀야 합니다.

아이들이 시계를 직접 만들어 보고 관찰하는 활동은 매우 중요합니다. 피아제의 구성주의에 따르면 의미 있고 구체적인 상황에서 아이가 주도적으로 사고할 때 스스로 수학적 지식을 구성할 수 있기 때문입니다. 정확한 시계 보기에 앞서, 직접 시계를 만들고 시곗바늘을 돌려보는 능동적인 활동으로 시계의 구조와 움직임을 알아보면서 시계와 점차 친해질 수 있습니다.

시계 속 숨겨진 수학 개념을 정확하게 알아야 합니다.

앞의 예시에서 시계가 나타내는 시각이 헷갈리는 이유는 아이들은 긴바늘과 짧은바늘을 구분하기만으로도 어려움을 느끼기 때문입니다. 「딱 보면 바로 아는 시계 보기」는 기적쌤의 명쾌한 비법 강의와 함께 '몇 시', '몇 시 30분', '5분', '1분'의 시간 단위별로 긴바늘과 짧은바늘의 움직임을 확인하면서 시계 보는 원리를 차근차근 알아 갑니다. 또한 시계 원리에 따라 [내가 만드는 시계]를 이용하여 직접 시각을 표현하고 연습하면 "지금 몇 시지?"에 자신 있게 대답할 수 있습니다.

정확한 시계 보기가 시간 관리의 시작입니다.

'시각'이 수업의 시작과 끝을 알려 주는 종이 치는 순간이라면 '시간'은 수업이 진행되는 동안을 말합니다. 시간 개념을 확실히 이해하는 것은 시계를 보는 것만큼 중요합니다. 시간 개념이 뚜렷한 아이는 앞으로의 일을 미리 계획하며 시간 관리를 효율적으로 할 수 있습니다. 또한 스스로 약속을 정하는 등 자기 주도적으로 일상을 계획하게 됩니다. 아이와 함께 하루 일과에 맞춰 [내가 만드는 시계]와 [시간 조각]을 활용하여 시계 보기에 익숙해질 수 있도록 도와주세요.

이렇게 공부하자!

완벽한 하루 공부, 특강 + 복습!

특강

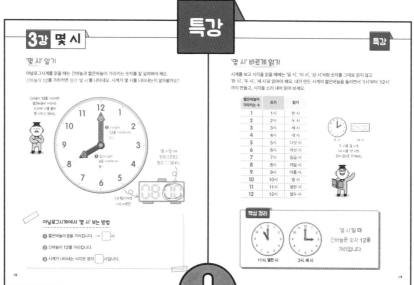

기적쌤 특강으로 원리를 이해하고,

모든 수학은 개념과 원리로부터 시작해요.
아무리 어렵고 까다로운 개념도 기적쌤의 특별한 강의를 들으면 이해가 쏙쏙 돼요.
#비법강의 #원리이해 #개념형성
#이렇게쉽다니 #이해가쏙쏙

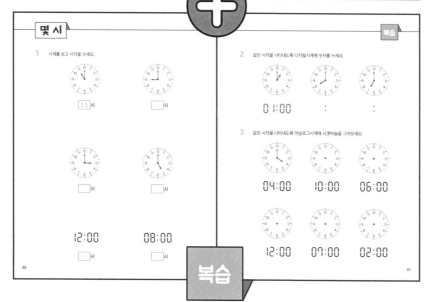

복습

혼자 복습하며 내 것으로 소화하기

한번 이해한 원리는 문제를 풀면서 적용해야 더 단단하고 뚜렷하게 자리잡아요. 혼자 힘으로 복습하며 완전히 내 것으로 만들어 보세요.
#바로복습 #원리적용 #문제풀이
#이제알겠네 #이렇게하는구나

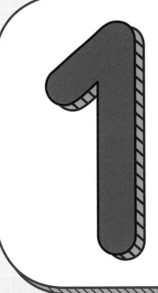

1 시작!
시계 알기

아날로그시계와 디지털시계가 어떻게 구성되어 있는지
시계를 알아보러 출발해 볼까요?

아날로그시계를 알아보자

우리 주변에는 다양한 시계가 있어요. 그중에서 벽시계, 손목시계처럼 시곗바늘로 시각을 알려주는 시계를 아날로그시계라고 해요. 시계 위에서 빙글빙글 돌고 있는 긴바늘과 짧은바늘을 보고 몇 시인지 알 수 있어요.

아날로그시계는 **1**부터 **12**까지의 숫자가 있고,
'몇 시'인지 알려주는 시침과
'몇 분'인지 알려주는 분침이 있어요.

1부터 **12**까지의 숫자가 원을 따라 순서대로

긴바늘이 **'분침'**,
'분'을 나타내요.

짧은바늘이 **'시침'**,
'시'를 나타내요.

숫자들이 지금 몇 시인지 알려줍니다.

디지털시계를 알아보자

디지털시계에는 아날로그시계와 달리 시곗바늘이 없어요. 대신 화면에 나타낸 숫자로 지금 몇 시인지 알 수 있어요. 디지털시계는 가운데 쌍점(:)을 기준으로 왼쪽 숫자는 몇 시인지, 오른쪽 숫자는 몇 분인지 알려줘요.

디지털시계는 시곗바늘 대신 쌍점을 기준으로
왼쪽의 숫자가 '몇 시', 오른쪽의 숫자가 '몇 분'인지 알려줘요.
디지털시계를 읽을 때 맨 앞에 있는 **0**은 읽지 않아요.

쌍점(:) 앞의 숫자가
몇 시인지 알려줘요.

쌍점(:) 뒤의 숫자가
몇 분인지 알려줘요.

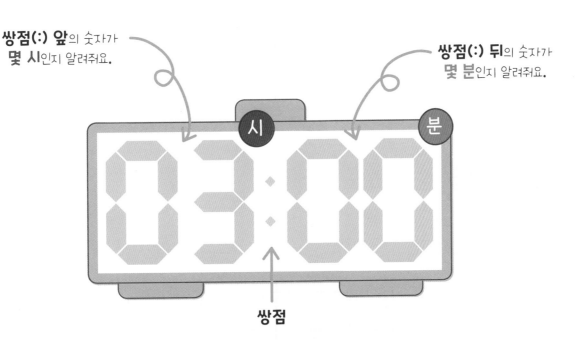

쌍점

디지털시계는 디지털 숫자를 사용해요.

0, 1, 2, 3, 4, 5, 6, 7, 8, 9

집에서 길이가 같은 빨대나 막대를 이용해서 만들어 볼 수 있어요!

시계를 관찰해요.

1 시침은 빨간색, 분침은 파란색으로 색칠하세요.

2 빈 곳에 알맞은 숫자를 쓰세요.

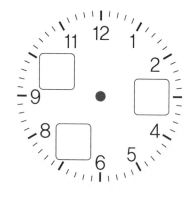 

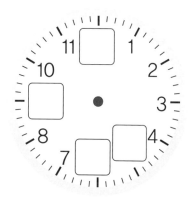 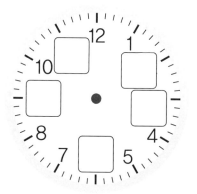

3 예시를 보고 칸을 색칠해서 0부터 9까지 디지털 숫자를 나타내 보세요.

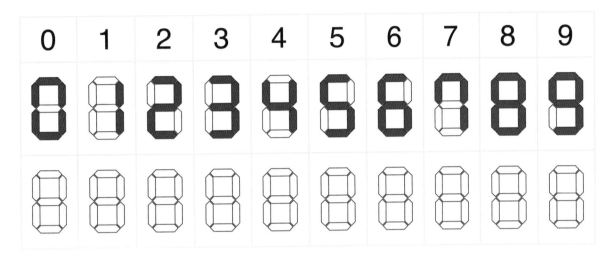

4 디지털시계에 자유롭게 시각을 나타내 보세요.

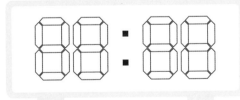

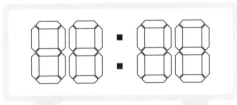

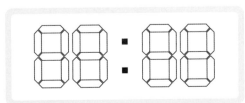

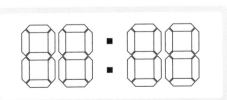

책 뒤쪽의 활동지를 이용해 나만의 시계를 만들면서 시계 구조를 알아봐요.

① 활동지에서 시계판, 시침, 분침, 고정 고리를 뜯어주세요.

② 고정 고리는 접는 선을 따라 아래로 접어주세요.

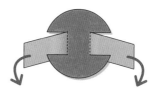

③ 고정 고리 아래쪽에 시침과 분침을 차례대로 놓고 고리의 접은 부분을 시계판 구멍에 맞춰 끼워주세요.

***** 시간 조각을 쓸 때에는 시침과 분침 아래에 넣어 끼워주세요.

④ 고정 고리에서 접혀있던 부분을 양쪽으로 펼쳐 시계를 완성하세요.

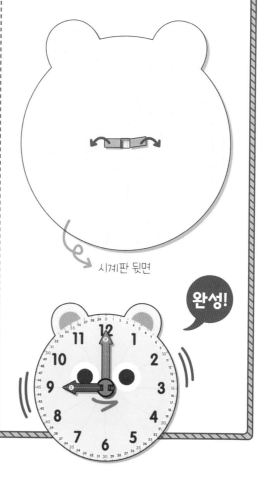

시계판 뒷면

완성!

내가 만든 시계

귀여운 시계가 완성됐어요. 내가 만든 시계를 자세히 살펴보면 제일 위 가운데에 12가 있고, 오른쪽 방향으로 차례대로 1, 2, 3, 4, 5, 6, 7, 8, 9, 10, 11이 있어요. 1부터 12까지 숫자가 있는 곳에는 큰 눈금이, 큰 눈금과 큰 눈금 사이에는 작은 눈금이 있어요. 시곗바늘이 각 눈금을 가리키면서 지금 몇 시인지 알려줄 거예요.

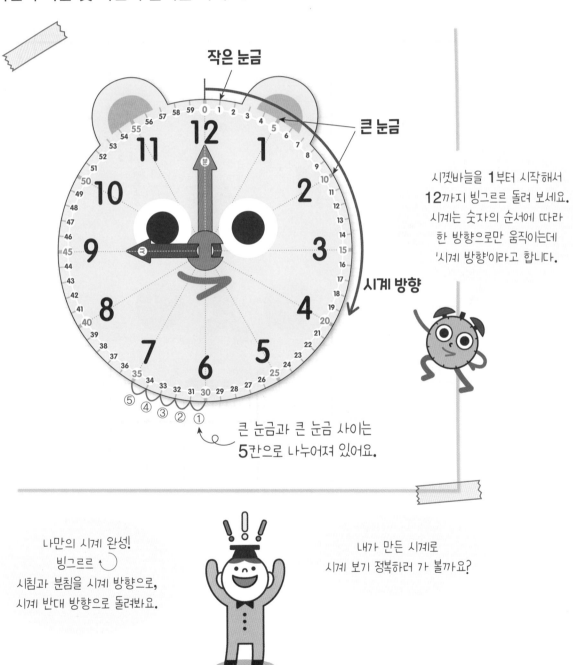

작은 눈금

큰 눈금

시계 방향

시곗바늘을 1부터 시작해서 12까지 빙그르르 돌려 보세요. 시계는 숫자의 순서에 따라 한 방향으로만 움직이는데 '시계 방향'이라고 합니다.

큰 눈금과 큰 눈금 사이는 5칸으로 나누어져 있어요.

나만의 시계 완성! 빙그르르 시침과 분침을 시계 방향으로, 시계 반대 방향으로 돌려봐요.

내가 만든 시계로 시계 보기 정복하러 가 볼까요?

시계를 만들어요.

1 빈 곳에 알맞은 수나 말을 **보기** 에서 찾아 쓰세요.

보기

1, 2, 3, 4, 5, 6, 7, 8, 9, 10, 11, 12, 시침, 분침, 큰 눈금, 작은 눈금

2 시곗바늘이 움직이는 방향을 찾아 ○표 하세요.

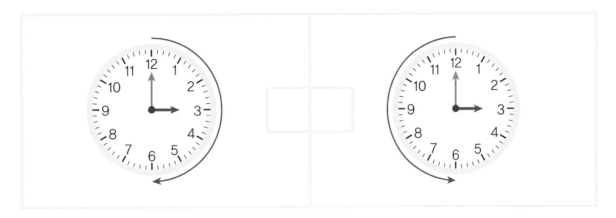

3 시계에 대한 설명입니다. 올바른 설명에 ○표, 틀린 설명에 ×표 하세요.

긴바늘을 분침이라고 합니다.　　짧은바늘을 분침이라고 합니다.

길이가 다른 시곗바늘이 2개 있습니다.　　길이가 같은 시곗바늘이 2개 있습니다.

한눈에 보는 시계 구조

아날로그시계 구조

분침

시침

디지털시계 구조

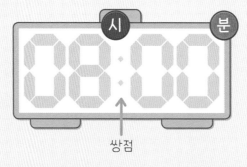

쌍점

2 본격! 시계 보기

시계 보기가 막막하지 않나요? 기적쌤과 함께 시계를 살펴보도록 해요.
그럼 어떤 시계든 자신 있게 볼 수 있어요. 시계 보기, 정복하러 가 볼까요?

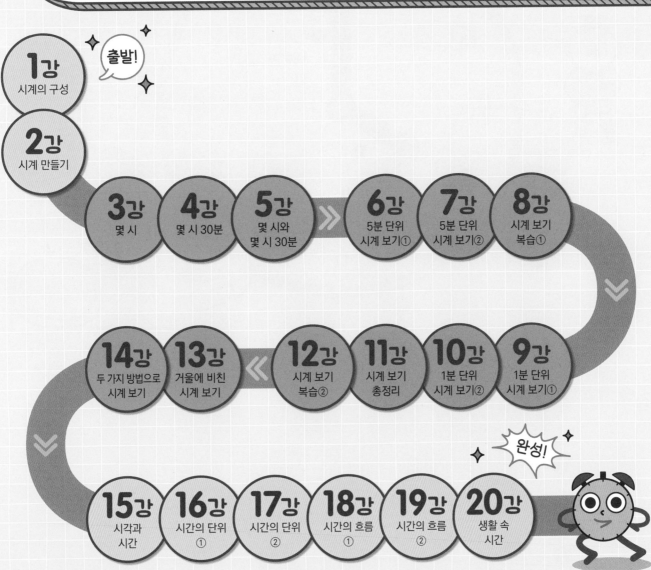

출발!

1강 시계의 구성

2강 시계 만들기

3강 몇 시

4강 몇 시 30분

5강 몇 시와 몇 시 30분

6강 5분 단위 시계 보기①

7강 5분 단위 시계 보기②

8강 시계 보기 복습①

9강 1분 단위 시계 보기①

10강 1분 단위 시계 보기②

11강 시계 보기 총정리

12강 시계 보기 복습②

13강 거울에 비친 시계 보기

14강 두 가지 방법으로 시계 보기

15강 시각과 시간

16강 시간의 단위①

17강 시간의 단위②

18강 시간의 흐름①

19강 시간의 흐름②

20강 생활 속 시간

완성!

'몇 시' 알기

아날로그시계를 읽을 때는 긴바늘과 짧은바늘이 가리키는 숫자를 잘 살펴봐야 해요.
긴바늘이 12를 가리키면 정각 '몇 시'를 나타내요. 시계가 몇 시를 나타내는지 알아볼까요?

긴바늘이 **12**를 가리키면
짧은바늘이 가리키는
숫자에 '시'를 붙여
'몇 시'라고 읽어요.

❷ 긴바늘이
12를 가리키니까
정각

❶ 짧은바늘이
8을 가리키니까
8시

'몇 시'일 때
쌍점 오른쪽은
항상 **00**입니다.

디지털시계로
나타내면?

아날로그시계에서 '몇 시' 보는 방법

❶ 짧은바늘이 8을 가리킵니다. → ☐시

❷ 긴바늘이 12를 가리킵니다.

❸ 시계가 나타내는 시각은 정각 ☐시입니다.

'몇 시' 바르게 읽기

시계를 보고 시각을 읽을 때에는 '일 시', '이 시', '삼 시'처럼 숫자를 그대로 읽지 않고
'한 시', '두 시', '세 시'로 읽어야 해요. 내가 만든 시계의 짧은바늘을 돌리면서 '1시'부터 '12시'
까지 만들고, 시각을 소리 내어 읽어 보세요.

짧은바늘이 가리키는 수	쓰기	읽기
1	1시	한 시
2	2시	두 시
3	3시	세 시
4	4시	네 시
5	5시	다섯 시
6	6시	여섯 시
7	7시	일곱 시
8	8시	여덟 시
9	9시	아홉 시
10	10시	열 시
11	11시	열한 시
12	12시	열두 시

두 시　　　　　네 시

'두 시'를 '둘 시'로
'네 시'를 '넷 시'로
읽지 않도록 주의해요.

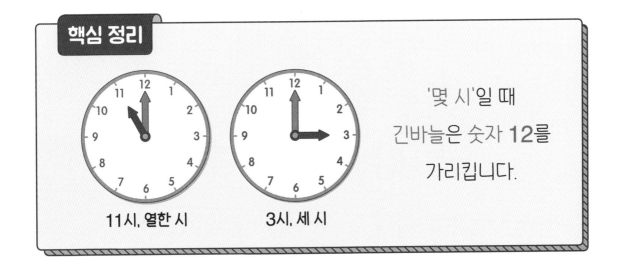

핵심 정리

11시, 열한 시　　　　3시, 세 시

'몇 시'일 때
긴바늘은 숫자 12를
가리킵니다.

1 시계를 보고 시각을 쓰세요.

$\boxed{11}$ 시

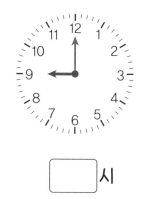

$\boxed{}$ 시

$\boxed{}$ 시

$\boxed{}$ 시

$\boxed{}$ 시

$\boxed{}$ 시

2 같은 시각을 나타내도록 디지털시계에 숫자를 쓰세요.

3 같은 시각을 나타내도록 아날로그시계에 시곗바늘을 그려보세요.

'몇 시 30분' 알기

이번에는 '몇 시 30분'을 알아볼 거예요. '분'을 나타내는 긴바늘이 6을 가리키면 '30분'이에요. 이 때 '몇 시'를 나타내는 짧은바늘은 숫자와 숫자 사이의 한가운데를 가리키고 있는데 두 숫자 중 지나온 숫자에 '시'를 붙여 읽어요.

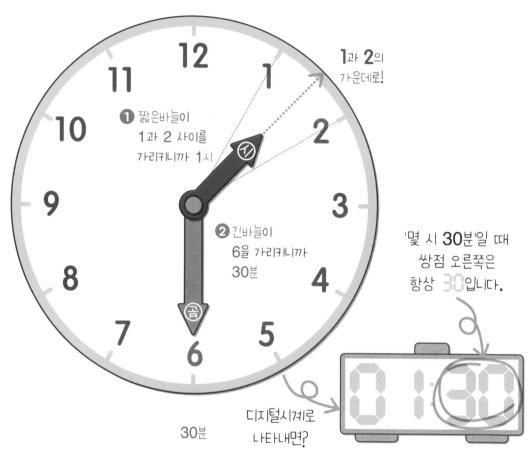

❶ 짧은바늘이 1과 2 사이를 가리키니까 1시

1과 2의 가운데로!

❷ 긴바늘이 6을 가리키니까 30분

30분

'몇 시 30분'일 때 쌍점 오른쪽은 항상 30입니다.

디지털시계로 나타내면?

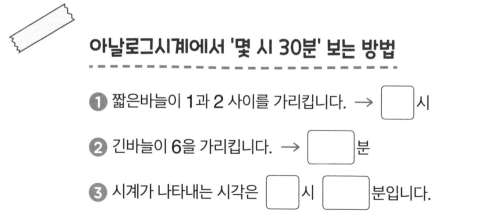

아날로그시계에서 '몇 시 30분' 보는 방법

❶ 짧은바늘이 1과 2 사이를 가리킵니다. → ⬜시

❷ 긴바늘이 6을 가리킵니다. → ⬜분

❸ 시계가 나타내는 시각은 ⬜시 ⬜분입니다.

몇 시 30분일까요?

짧은바늘이 숫자를 정확하게 가리키고 있을 때는 몇 시인지 읽기 쉽지만 짧은바늘이 숫자와 숫자 사이를 가리키고 있을 때는 몇 시로 읽어야 하는지 헷갈려요. 이때는 두 숫자 중 지나온 숫자를 읽어요.

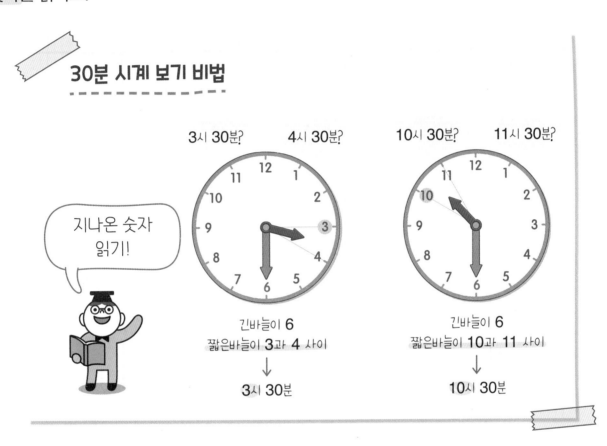

30분 시계 보기 비법

지나온 숫자 읽기!

3시 30분?   4시 30분?

긴바늘이 6
짧은바늘이 3과 4 사이
↓
3시 30분

10시 30분?   11시 30분?

긴바늘이 6
짧은바늘이 10과 11 사이
↓
10시 30분

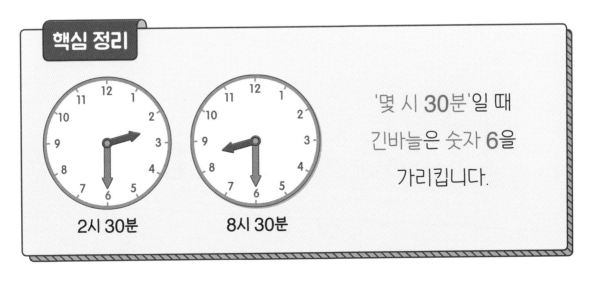

핵심 정리

2시 30분   8시 30분

'몇 시 30분'일 때
긴바늘은 숫자 6을
가리킵니다.

몇 시 30분

1 시계를 보고 시각을 쓰세요.

☐ 시 ☐ 분

☐ 시 ☐ 분

☐ 시 ☐ 분

☐ 시 ☐ 분

11:30

☐ 시 ☐ 분

05:30

☐ 시 ☐ 분

2 같은 시각을 나타내도록 디지털시계에 숫자를 쓰세요.

: : :

3 같은 시각을 나타내도록 아날로그시계에 시곗바늘을 그려보세요.

06:30 12:30 08:30

11:30 02:30 09:30

'몇 시'와 '몇 시 30분' 비교하기

똑딱똑딱, 시계가 쉴 틈 없이 움직이고 있네요. 시계에서 긴바늘은 '몇 분', 짧은바늘은 '몇 시'를 알려 준다고 배웠죠? 정각 '몇 시'에서 30분이 지나면 시곗바늘이 어떻게 변할까요? 시계 위에서 빙글빙글 돌고 있는 긴바늘과 짧은바늘이 각각 어디를 향하고 있는지 비교해 볼까요?

30분이

'몇 시'에 긴바늘은
12를 가리킵니다.
현재 시각은 **2시**

30분씩 2번 지나면 다시 '몇 시'가 돼!

30분이 2번 지나면
시곗바늘은
어떻게 변할까?

10시

10시 30분

30분이 지나면
긴바늘과 짧은바늘이
어떻게 움직일까?

시계 방향으로 움직여!

'몇 시'에서
30분이 지나
'몇 시 30분'이 되면
긴바늘이 12에서
6으로 이동합니다.

지나면?

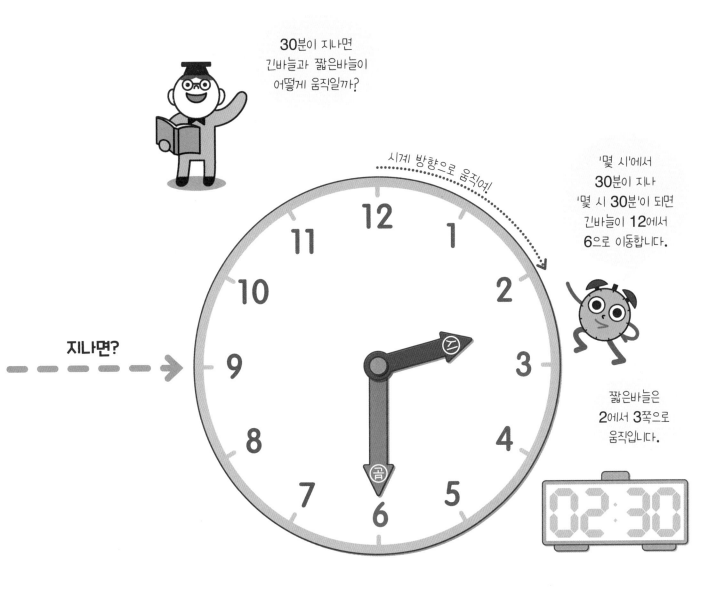

짧은바늘은
2에서 3쪽으로
움직입니다.

02:30

예제 11시에서 30분이 지나면 몇 시일까요?

긴바늘은 다시 12를 가리키고,
짧은바늘이 가리키는 숫자는
10에서 11로 바뀌었어.

11시

[ ]시[ ]분

몇 시와 몇 시 30분

1 시계를 보고 '몇 시'는 빨간색, '몇 시 30분'은 파란색으로 색칠하세요.

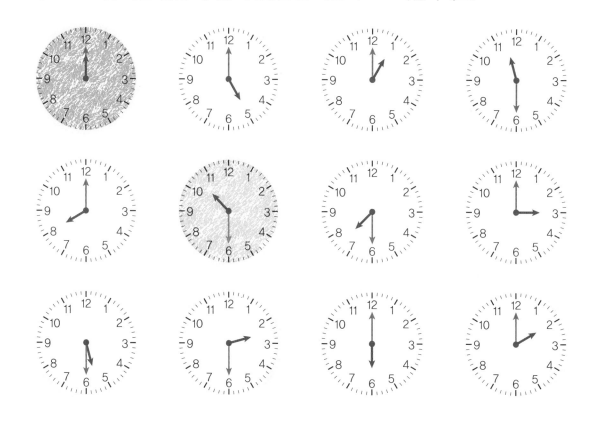

2 시계를 보고 알맞은 시각에 ○표 하세요.

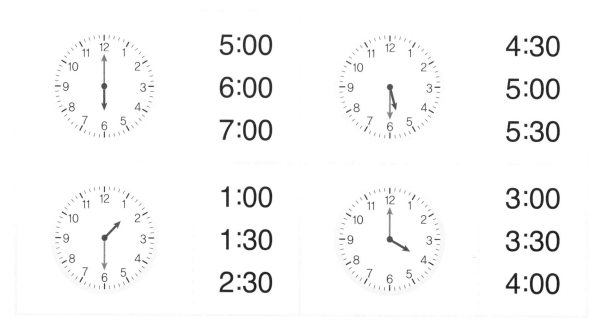

5:00
6:00
7:00

4:30
5:00
5:30

1:00
1:30
2:30

3:00
3:30
4:00

3 같은 시각을 나타내세요.

:

08:00

:

09:00

:

10:30

:

02:30

:

큰 눈금으로 나타내는 5분

시계에서 긴바늘이 가리키는 숫자에 따라 나타내는 시각이 달라져요.
내가 만든 시계 위에 긴바늘을 숫자에 따라 움직이며
5분, 10분, 15분… 소리내서 읽어 보세요.

긴바늘이 숫자 1을
가리키면
5분(오 분)입니다.

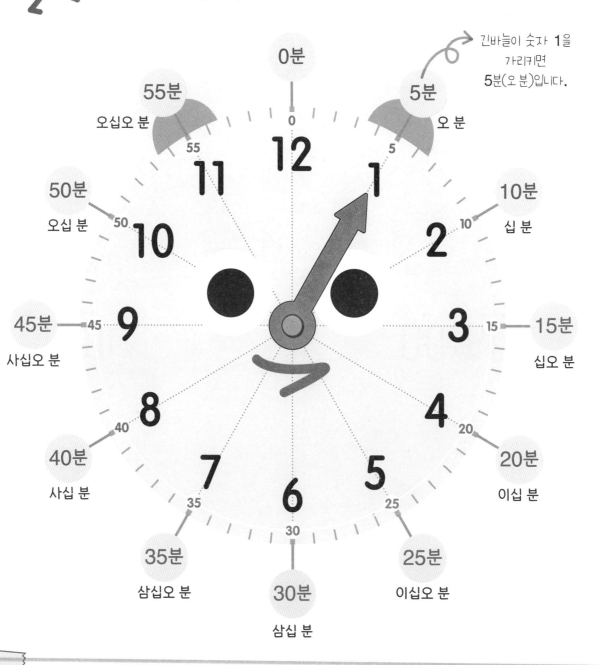

시계의 긴바늘이 가리키는 숫자가 **1**씩 커질 때마다 **5분**씩 커집니다.

숫자	1	2	3	4	5	6	7	8	9	10	11
분	5	10	15	20	25	30	35	40	45	50	55

×5

+5 +5 +5 +5 +5 +5 +5 +5 +5 +5

5씩 뛰어 세기를 하거나
5단 곱셈구구를 이용하면 좋아요.

예제 긴바늘이 각각의 숫자를 가리킬 때 몇 분인지 빈 곳에 쓰세요.

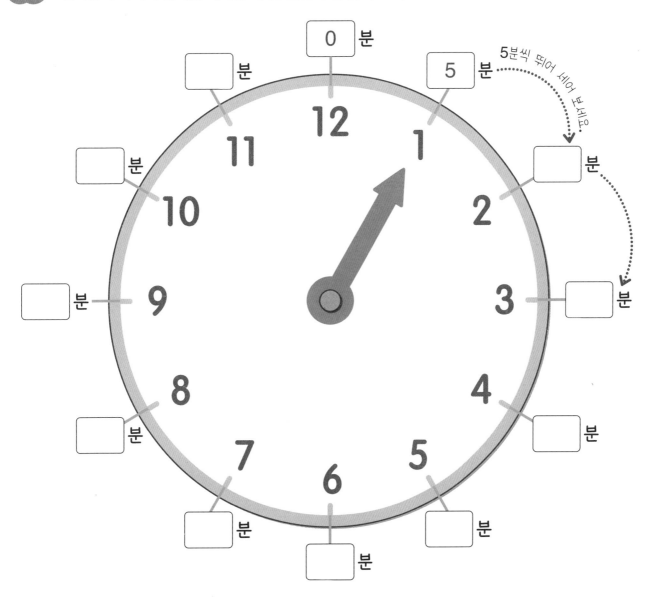

0 분

5 분

5분씩 뛰어 세어 보세요

[ ] 분

[ ] 분

5분 단위 시계 보기 ①

1 긴바늘이 각각의 숫자를 가리킬 때 몇 분인지 쓰세요.

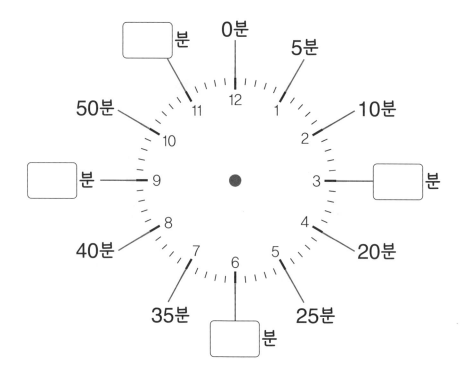

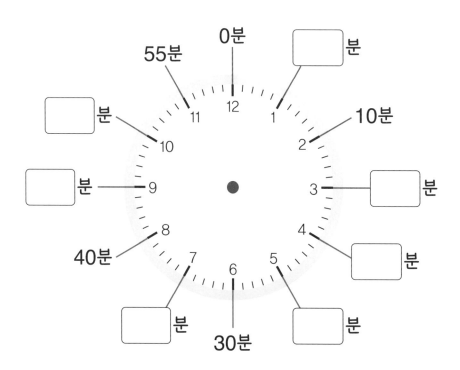

2 긴바늘이 가리키는 곳이 몇 분인지 쓰세요.

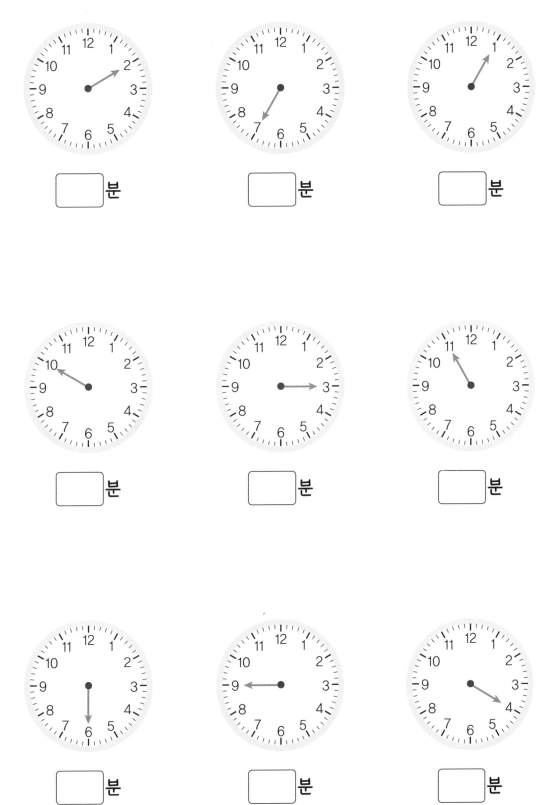

'몇 시 몇 분' 알기

앞에서 긴바늘이 가리키는 숫자가 나타내는 시각을 분으로 읽는 방법을 배웠어요.
긴바늘이 숫자를 따라 움직일 때 짧은바늘은 어떻게 움직일까요?
짧은바늘이 가리키는 곳을 주의해서 보면서 시계가 몇 시를 나타내는지 알아볼까요?

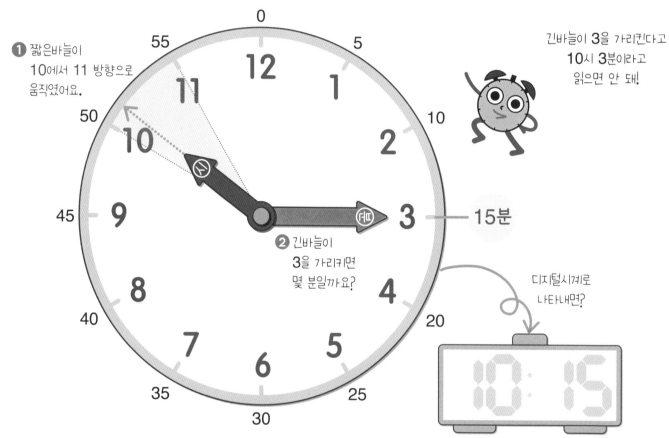

❶ 짧은바늘이 10에서 11 방향으로 움직였어요.

❷ 긴바늘이 3을 가리키면 몇 분일까요?

긴바늘이 3을 가리킨다고 10시 3분이라고 읽으면 안 돼!

15분

디지털시계로 나타내면?

아날로그시계에서 '5분 단위 시계' 보는 방법

❶ 짧은바늘이 10과 11 사이를 가리킵니다. → ☐시

❷ 긴바늘이 3을 가리킵니다. → ☐분

❸ 시계가 나타내는 시각은 ☐시 ☐분입니다.

짧은바늘의 위치

긴바늘이 숫자를 따라 움직일 때 짧은바늘은 어떤 변화가 있을까요?
긴바늘이 움직인 시계를 보면서 짧은바늘의 위치를 확인해 보세요.

| 5시 | 5시 10분 | 5시 30분 | 5시 50분 |

5를
가리켜요.

5와 6 중에서
5에 더 가까워요.

5와 6의
가운데에 있어요.

5와 6 중에서
6에 더 가까워요.

짧은바늘이
5와 6 사이에 있으면
5시 ■■분입니다.

5시에서 6시에 가까워질수록
짧은바늘이 6에 가까워집니다.

6에 가까워졌다고 5시 50분을
6시 50분으로 읽지 않도록 주의해요.

핵심 정리

긴바늘이 가리키는 숫자가
1씩 커질때마다 5분씩 커집니다.

1 시계를 보고 시각을 쓰세요.

09:40

01:35

2 같은 시각을 나타내도록 디지털시계에 숫자를 쓰세요.

| : | : | : |

3 같은 시각을 나타내도록 아날로그시계에 시곗바늘을 그려보세요.

짧은바늘의 방향이
정확하지 않아도 됩니다.
대략적인 위치에 맞게
나타내세요.

12:35   10:30

03:25   08:50   02:45

1 시계를 보고 시각을 쓰세요.

☐ 시 ☐ 분

☐ 시 ☐ 분

☐ 시 ☐ 분

☐ 시 ☐ 분

07 : 10

☐ 시 ☐ 분

12 : 55

☐ 시 ☐ 분

2 같은 시각을 찾아 선으로 이어 보세요.

 •   • 7시 55분 •   • 01:35

 •   • 3시 30분 •   • 07:55

 •   • 5시 10분 •   • 03:30

 •   • 1시 35분 •   • 05:10

3 같은 시각을 나타내세요.

:

05:10

:

05:35

:

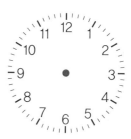

03:30

:

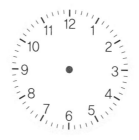

01:55

:

4 시계를 보고 문장을 완성하세요.

☐ 시 ☐ 분에
꽃에 물을 줍니다.

☐ 시 ☐ 분에
그림을 그립니다.

☐ 시 ☐ 분에
자전거를 탑니다.

☐ 시 ☐ 분에
손을 씻습니다.

☐ 시 ☐ 분에
치과 치료를 합니다.

☐ 시 ☐ 분에
일기를 씁니다.

작은 눈금으로 나타내는 1분

작은 눈금은 큰 눈금을 5칸으로 나눈 것 중에 하나입니다.
긴바늘이 작은 눈금 한 칸을 움직이는 데 걸리는 시간은 1분이고,
2칸은 2분, 3칸은 3분을 나타냅니다. 소리내어 읽어 보세요.

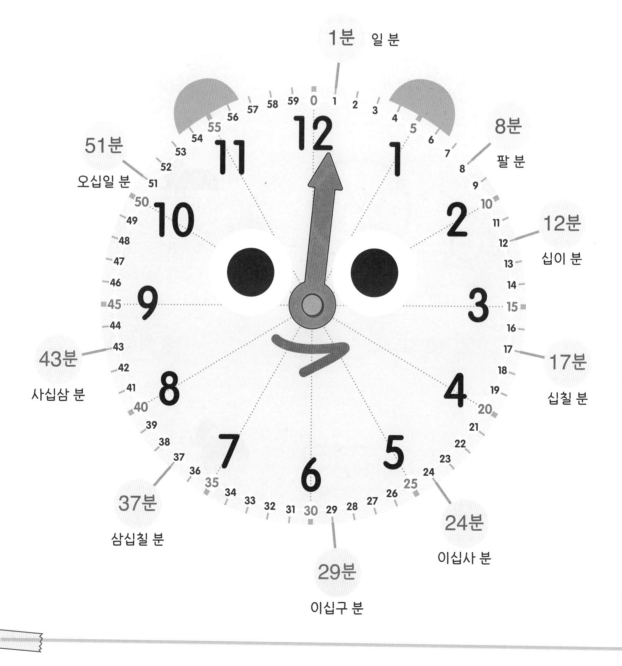

1분 일 분

8분 팔 분

51분 오십일 분

12분 십이 분

17분 십칠 분

43분 사십삼 분

37분 삼십칠 분

24분 이십사 분

29분 이십구 분

10분을 나타내는
시계 모양은?

숫자 10을 가리키고 있다고
10분이라고 읽으면 안 돼요!

긴바늘이
숫자 2 → 10분

긴바늘이
숫자 10 → 50분

예제 긴바늘이 각각의 작은 눈금을 가리킬 때 몇 분인지 빈 곳에 알맞은 숫자를 쓰세요.

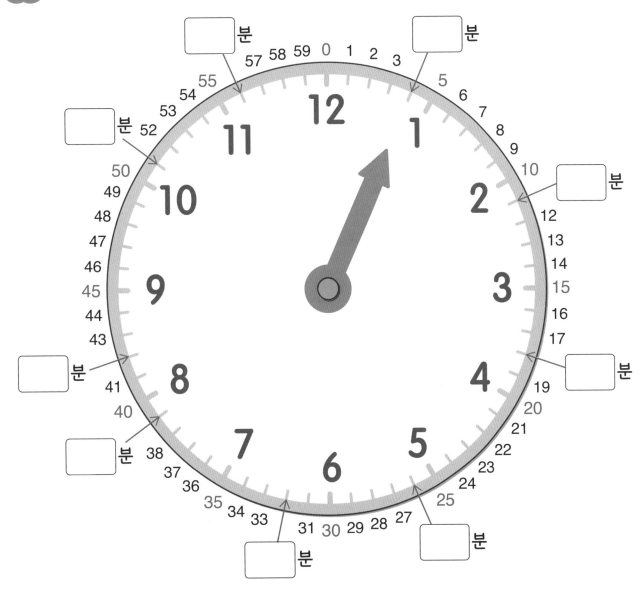

1분 단위 시계 보기 ①

1 긴바늘이 화살표로 표시한 작은 눈금을 가리킬 때 몇 분인지 쓰세요.

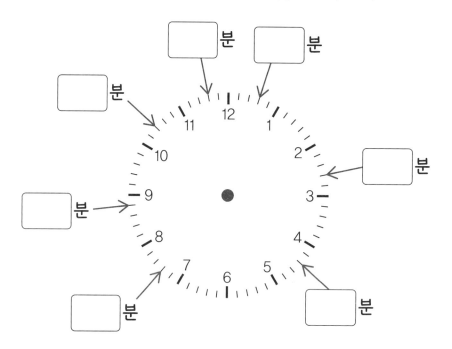

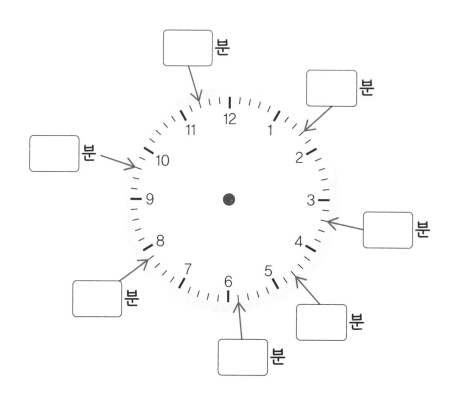

2 긴바늘이 가리키는 곳이 몇 분인지 쓰세요.

자를 이용해
보세요.

분

분

분

분

분

분

분

분

분

'몇 시 몇 분' 알기

짧은바늘과 긴바늘을 같이 읽어 보면서, 지금이 몇 시인지 알아보도록 해요. 이것만 잘 알고 있으면 "지금 몇 시지?"라는 질문에 바로 대답할 수 있어요.

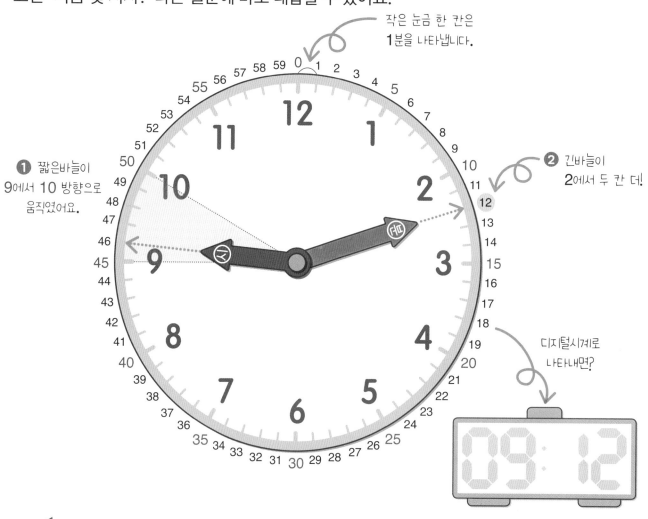

작은 눈금 한 칸은 1분을 나타냅니다.

❶ 짧은바늘이 9에서 10 방향으로 움직였어요.

❷ 긴바늘이 2에서 두 칸 더.

디지털시계로 나타내면?

아날로그시계에서 '1분 단위 시계' 보는 방법

❶ 짧은바늘이 9와 10 사이를 가리킵니다. → [ ]시

❷ 긴바늘이 2에서 작은 눈금 2칸 더 간 곳을 가리킵니다. → [ ]분

❸ 시계가 나타내는 시각은 [ ]시 [ ]분입니다.

큰 눈금으로 쉽고 빠르게 시계 보기

긴바늘이 작은 눈금 몇 칸을 움직였는지를 세어 '몇 분'으로 나타내요. 이때 작은 눈금을 한 칸씩 세면 헷갈릴 뿐만 아니라 시간이 오래 걸려요. 먼저 큰 눈금을 기준으로 몇 칸인지 세고, 남은 부분의 작은 눈금을 세면 쉽고 빠르게 '몇 분'인지 알 수 있어요.

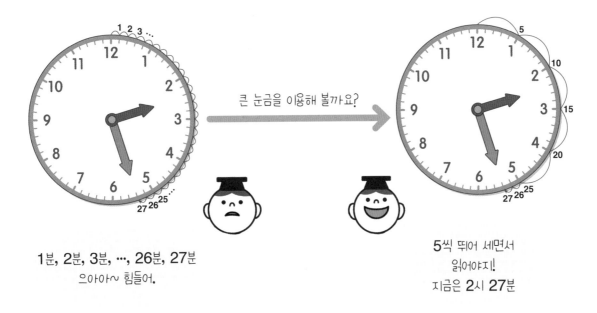

큰 눈금을 이용해 볼까요?

1분, 2분, 3분, ⋯, 26분, 27분
으아아~ 힘들어.

5씩 뛰어 세면서
읽어야지!
지금은 2시 27분

시계를 보고 몇 시인지 빨리 알려면
1부터 12까지 각 숫자가 '몇 분'을 나타내는지
잘 알고 있어야겠지?

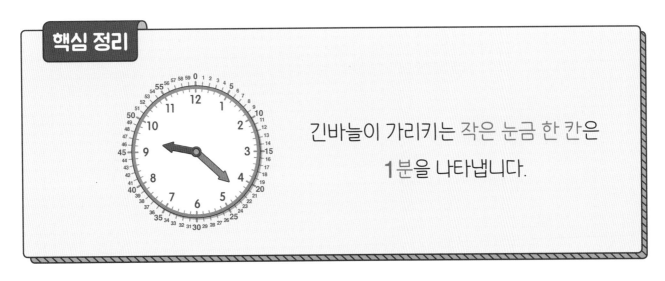

핵심 정리

긴바늘이 가리키는 작은 눈금 한 칸은
1분을 나타냅니다.

1분 단위 시계 보기 ②

1 시계를 보고 시각을 쓰세요.

☐ 시 ☐ 분   ☐ 시 ☐ 분

☐ 시 ☐ 분   ☐ 시 ☐ 분

```
04:28
```

```
09:13
```

☐ 시 ☐ 분   ☐ 시 ☐ 분

2 같은 시각을 나타내도록 디지털시계에 숫자를 쓰세요.

3 같은 시각을 나타내도록 아날로그시계에 시곗바늘을 그려보세요.

04:39
07:51
09:14

02:27
12:33
05:16

11강 시계 보기 총정리

짧은바늘은 '몇 시'

시계에서 짧은바늘은 '몇 시'를 나타냅니다. '몇 시'는 이것만 알고 있으면 문제없어요!

'몇 시'는 이것만 기억하자!

❶ 짧은바늘을 찾는다.

❷ 짧은바늘이 가리키는 곳의 양 옆 숫자를 찾고, 두 숫자 중 지나온 숫자를 읽는다.

짧은바늘이 숫자 2와 3 사이에 있으면 → ☐ 시

예제 시각에 맞게 짧은바늘을 그리세요.

짧은바늘의 위치가 정확하지 않아도 괜찮아요.

5시 20분

7시 5분

3시 50분

1시 35분

긴바늘은 '몇 분'

시계에서 긴바늘은 '몇 분'을 나타냅니다. '몇 분'은 이것만 알고 있으면 문제없어요!

'몇 분'은 이것만 기억하자!

① 긴바늘을 찾는다.

② 긴바늘이 가리키는 곳이 작은 눈금을 몇 칸 움직였는지 확인한다.

작은 눈금의 수를 하나씩 세는 것보다 큰 눈금을 기준으로 보면 '몇 분'인지 더 쉽고

빠르게 알 수 있습니다.

예제   시각에 맞게 긴바늘을 그리세요.

7시 25분

3시 38분

11시 11분

5시 53분

시계 보기 총정리

1 시계를 보고 시각을 쓰세요.

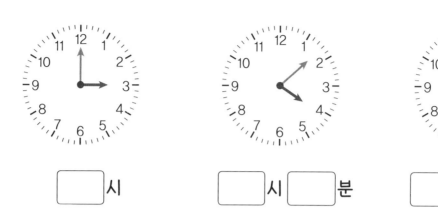

☐ 시   ☐ 시 ☐ 분   ☐ 시 ☐ 분

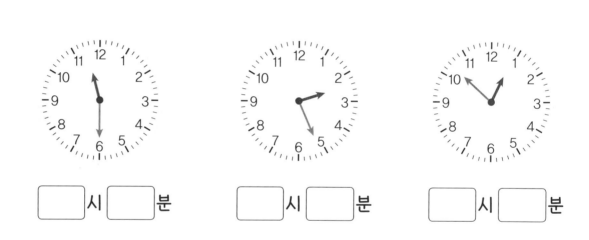

☐ 시 ☐ 분   ☐ 시 ☐ 분   ☐ 시 ☐ 분

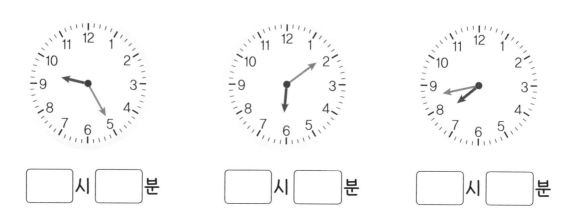

☐ 시 ☐ 분   ☐ 시 ☐ 분   ☐ 시 ☐ 분

☐시 ☐분 ☐시 ☐분 ☐시 ☐분

☐시 ☐분 ☐시 ☐분 ☐시 ☐분

☐시 ☐분 ☐시 ☐분 ☐시 ☐분

1 시계를 보고 시각을 쓰세요.

□시

□시 □분

□시 □분

□시 □분

01:30

□시 □분

05:22

□시 □분

2 같은 시각을 나타내세요.

| : | 12:30 | : |

| 02:37 | : | 03:54 |

| : | 09:28 | : |

55

3 주어진 시각에 맞게 고장 난 시계를 바르게 고치세요.

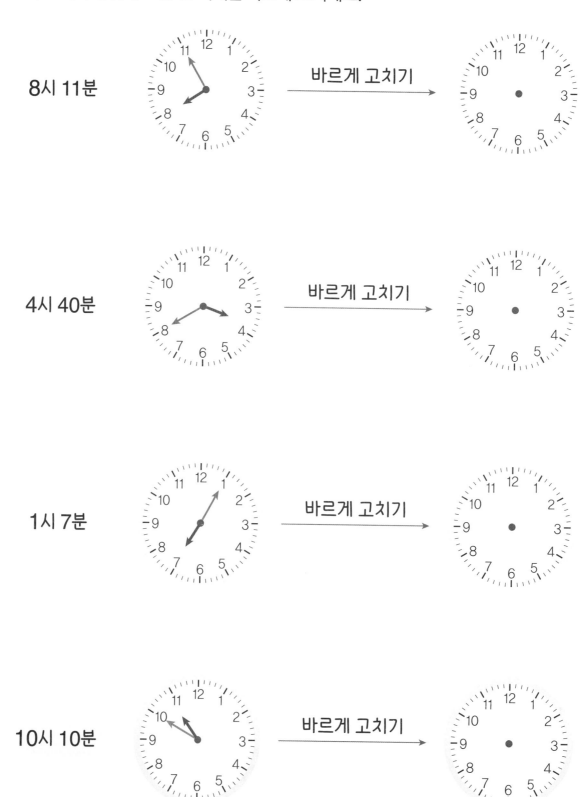

8시 11분 → 바르게 고치기 →

4시 40분 → 바르게 고치기 →

1시 7분 → 바르게 고치기 →

10시 10분 → 바르게 고치기 →

4 시계를 보고 문장을 완성하세요.

[　]시 [　]분에

미술관에 도착했습니다.

[　]시 [　]분에

하교를 합니다.

[　]시 [　]분에

집에서 출발했습니다.

[　]시 [　]분에

수영을 합니다.

[　]시 [　]분에

텔레비전을 봅니다.

[　]시 [　]분에

양치를 합니다.

거울에 비친 시계

거울로 시계를 보면 왼쪽과 오른쪽이 바뀌어 보여요. 하지만 시계 보는 방법은 다르지 않아요. 긴바늘과 짧은바늘이 어디를 향하고 있는지만 잘 확인하면 거울에 비친 시계도 문제없이 볼 수 있어요.

❶ 짧은바늘이 10과 11 사이

❷ 긴바늘이 6을 가리킵니다.

짧은바늘과 긴바늘이 가리키는 곳만 잘 보면 돼.

거울에 비친 시계 보는 방법

❶ 짧은바늘이 10과 11 사이를 가리킵니다. → ☐시

❷ 긴바늘이 6을 가리킵니다. → ☐분

❸ 거울에 비친 시계가 나타내는 시각은 ☐시 ☐분입니다.

거울에 비친 숫자

거울 앞에 서 보세요. 오른쪽 손을 들면 거울 속의 나는 왼쪽 손을 들고 있고, 왼쪽 손으로 V를 하면 거울 속의 나는 오른쪽 손으로 V를 하고 있어요. 거울 속에서는 오른쪽과 왼쪽이 바뀌어 보이기 때문이죠. 그럼 거울 속에서 숫자는 어떻게 보일까요?

실제 숫자	거울 속 숫자
1	1
2	2
3	3
4	4
5	5
6	6
7	7
8	8
9	9
10	10
11	11
12	12

집에 있는 시계를 거울에 비춰서 거울 속 숫자 모양을 확인해 보세요. 거울 속 왼쪽과 오른쪽이 바뀐 숫자 모양을 알아두면 더 쉽게 몇 시인지 알 수 있어요.

핵심 정리

거울에 비친 시계는
왼쪽과 오른쪽이 바뀌어 보입니다.

거울에 비친 시계 보기

1 거울에 비친 시계를 보고 빈 곳에 알맞은 수를 쓰세요.

짧은바늘이 [2] 와 [3] 사이를 가리키고

긴바늘이 [5] 를 가리킵니다.

짧은바늘이 [ ] 과 [ ] 사이를 가리키고

긴바늘이 [ ] 를 가리킵니다.

짧은바늘이 [ ] 과 [ ] 사이를 가리키고

긴바늘이 [ ] 을 가리킵니다.

짧은바늘이 [ ] 와 [ ] 사이를 가리키고

긴바늘이 [ ] 을 가리킵니다.

2 거울에 비친 시계를 보고 시각을 쓰세요.

□시 □분

□시 □분

□시 □분

□시 □분

□시 □분

□시 □분

몇 시 반

피자 반 판, 사과 반 개처럼 '반'이라는 말은 똑같이 둘로 나눈 것의 한 부분을 말해요.
시계에도 딱 반을 가리키는 시계 모양이 있어요. 바로 '몇 시 30분'일 때 시계의 긴바늘은 12
에서 6으로 딱 절반만큼 움직여요. 그래서 '몇 시 30분'은 '몇 시 반'이라고 읽기도 해요.

빙그르르
반만큼

짧은바늘이 **10**과 **11** 사이,
긴바늘이 **6**을 가리키니까

☐ 시 ☐ 분

한 바퀴의 반만큼 지나서
10시 반
이라고도 말해요.

7시 30분
7시 반

10시 30분
10시 반

30분은 딱 절반!
'몇 시 **30분**'을
'몇 시 반'으로도
읽어 보자.

몇 시 몇 분 전

'5시 10분'과 '5시 10분 전'은 같은 시각일까요? 5시 10분은 5시에서 10분이 지난 시각이고, 5시 10분 전은 5시가 되기까지 10분이 남았다는 뜻으로 4시 50분이에요. 이와 같이 정각으로 다가가는 시간이 조금 남았을 때 '몇 시 몇 분'을 '몇 시 몇 분 전'으로 나타낼 수 있어요.

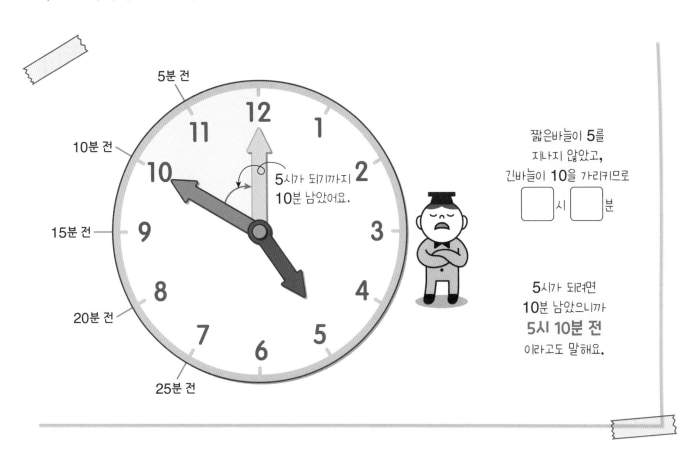

5시가 되기까지 10분 남았어요.

짧은바늘이 **5**를 지나지 않았고, 긴바늘이 **10**을 가리키므로 ☐시 ☐분

5시가 되려면 10분 남았으니까 **5시 10분 전** 이라고도 말해요.

정각을 기준으로 남은 시간이 지난 시간보다 짧을 때 '몇 시 몇 분 전'이라고 읽어요.

6시 55분
7시 5분 전

2시 45분
3시 15분 전

두 가지 방법으로 시계 보기

1 시계를 보고 시각을 두 가지 방법으로 쓰세요.

| 3 | 시 | 30 | 분 |

| 3 | 시 | 반 |

| 7 | 시 | 50 | 분 |

| 8 | 시 | 10 | 분 전 |

| | 시 | | 분 |

| | 시 | |

| | 시 | | 분 |

| | 시 | | 분 전 |

05:30

| | 시 | | 분 |

| | 시 | |

02:40

| | 시 | | 분 |

| | 시 | | 분 전 |

2 시각에 맞게 시곗바늘을 그려보세요.

5시 반

4시 10분 전

11시 반

8시 5분 전

3시 반

5시 15분 전

한눈에 보는 시계 보기

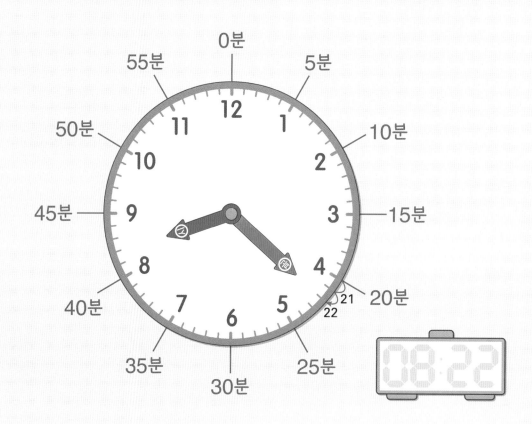

08:22

시계 보는 방법

긴바늘과 짧은바늘이 가리키는 방향으로 '몇 시 몇 분'인지 알 수 있어요.

① 짧은바늘 : 8과 9 사이 ➡ 8시

② 긴바늘 : 4에서 작은 눈금 2칸 더 간 곳 ➡ 22분

③ 시계가 나타내는 시각 ➡ 8시 22분

3 응용!
시간 감각 높이기

시각과 시간, 참 헷갈리죠? 시계 속에 숨겨진 시간의 개념을 알아봐요.
그리고 내 생활 속에 적용해 보면서 나의 하루, 나의 일주일, 나의 한 달을 만들어가요!

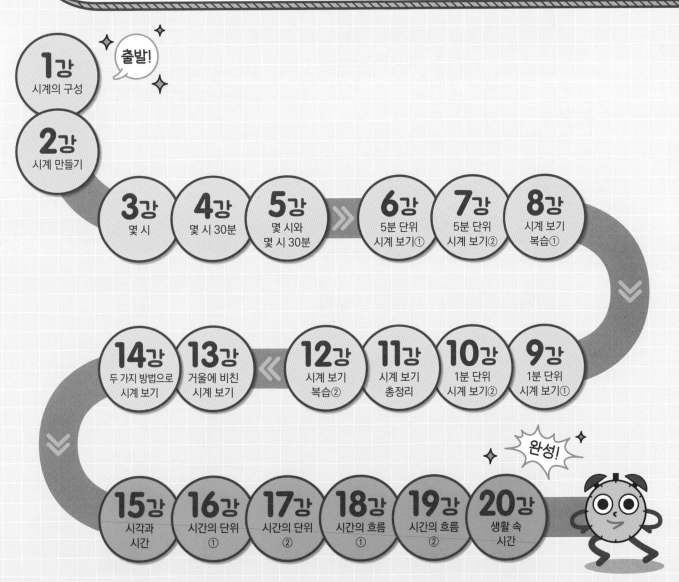

1강 시계의 구성 · 출발!

2강 시계 만들기

3강 몇 시

4강 몇 시 30분

5강 몇 시와 몇 시 30분

6강 5분 단위 시계 보기①

7강 5분 단위 시계 보기②

8강 시계 보기 복습①

14강 두 가지 방법으로 시계 보기

13강 거울에 비친 시계 보기

12강 시계 보기 복습②

11강 시계 보기 총정리

10강 1분 단위 시계 보기②

9강 1분 단위 시계 보기①

15강 시각과 시간

16강 시간의 단위①

17강 시간의 단위②

18강 시간의 흐름①

19강 시간의 흐름②

20강 생활 속 시간 · 완성!

15강 시각과 시간

시각과 시간

'시각'과 '시간', 한 글자만 다른데 어떻게 다를까요? '시각'은 지금이 '몇 시 몇 분'인지를 나타내고, '시간'은 무엇을 하는 데 얼마나 오래 걸리는지를 말합니다. 시계는 '시각'과 '시간'을 모두 포함하고 있어서 시계를 보면 지금 몇 시인지 뿐만 아니라 걸리는 시간까지 알 수 있어요.

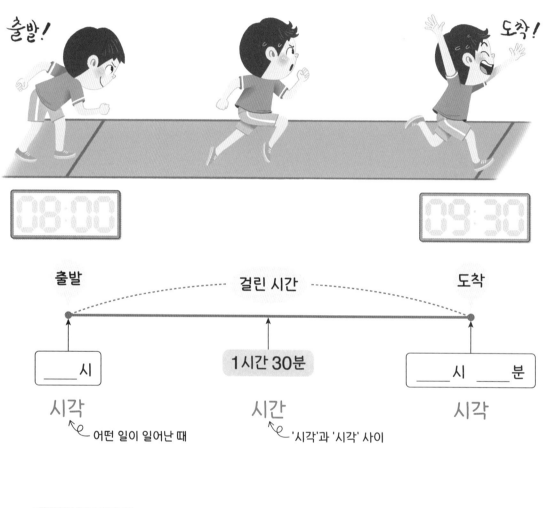

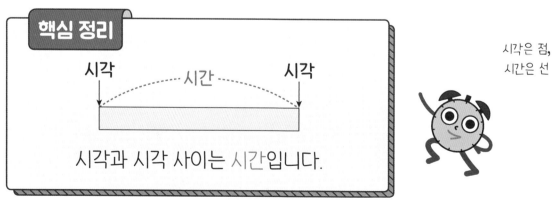

시간 수직선

시간을 길게 펼쳐서 선으로 표현할 수 있는데 이 선을 '시간 수직선'이라고 부를 거예요.
시간 수직선에 표시한 빨간색 점이 나타내는 시각을 써 볼까요?

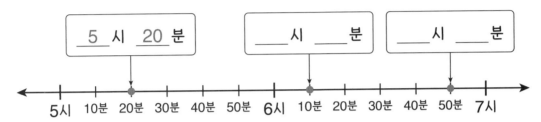

시각에 맞게
시간 수직선에
표시해 보세요.

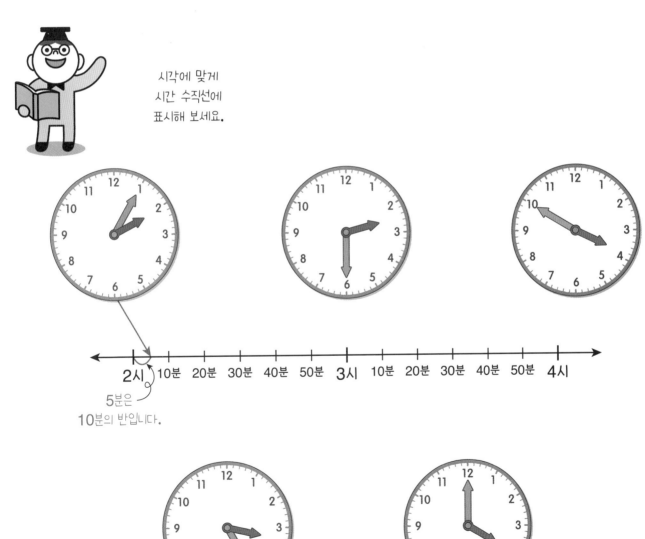

5분은
10분의 반입니다.

시각과 시간

1 문장을 읽고 알맞은 것에 ○표 하세요.

기차 출발 (시각 , 시간)은
2시 30분입니다.

학교까지 가는 데 걸리는
(시각 , 시간)은 20분입니다.

(2시 , 2시간)에
할머니 집에 도착했습니다.

(1시 , 1시간) 동안
책을 읽었습니다.

산 정상에 도착하는 데
(3시 , 3시간)이 걸렸습니다.

(2시 30분 , 2시간 30분)에
영화가 시작합니다.

2 시간 수직선에 표시한 시각을 쓰세요.

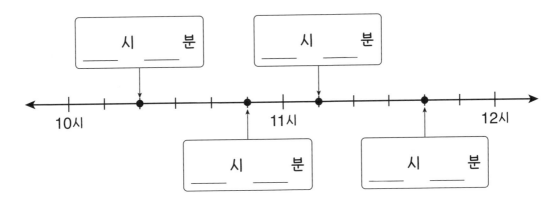

☐ 시 ☐ 분

☐ 시 ☐ 분

☐ 시 ☐ 분

☐ 시 ☐ 분

10시 11시 12시

3 시간 수직선에 표시한 시각을 나타낸 시계에 ○표 하세요.

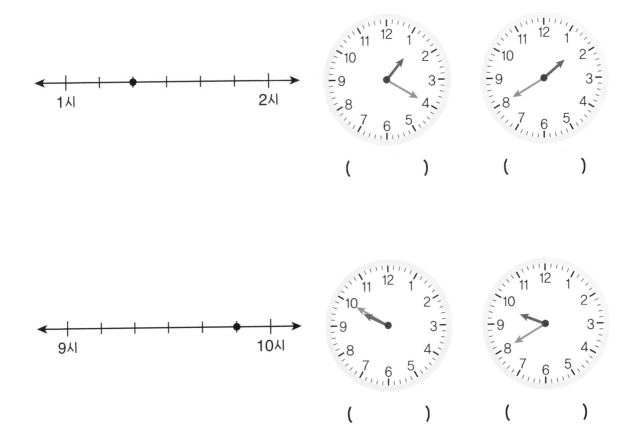

1시 2시

(   ) (   )

9시 10시

(   ) (   )

16강 시간의 단위 ①

시간과 분 사이의 관계

시계에서 긴바늘이 한 바퀴 도는 동안 짧은바늘은 숫자 한 칸을 움직입니다.
긴바늘이 시계 한 바퀴를 도는 데 걸리는 시간은 60분이고, 긴바늘이 한 바퀴 도는 시간과 짧은바늘이 숫자 한 칸을 움직이는 시간은 같으므로 1시간은 60분입니다.
시계를 보면서 긴바늘과 짧은바늘의 움직임을 살펴볼까요?

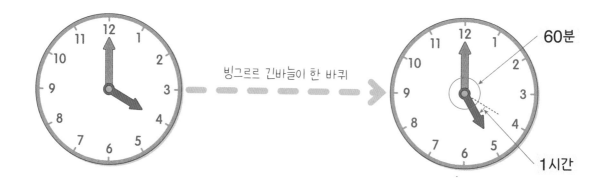

빙그르르 긴바늘이 한 바퀴

60분

1시간

❶ 긴바늘이 한 바퀴 도는 동안 짧은바늘은 4에서 □로 움직였습니다.

❷ 긴바늘이 한 바퀴 도는 데 걸린 시간은 □분입니다.

❸ 짧은바늘이 4에서 5로 한 칸 움직이는 데 걸린 시간은 □시간입니다.

➡ 긴바늘이 한 바퀴 도는 데 걸리는 시간과 짧은바늘이 숫자 한 칸을 움직이는 시간
이 같으므로 1시간은 □분입니다.

핵심 정리

1시간은 60분입니다.

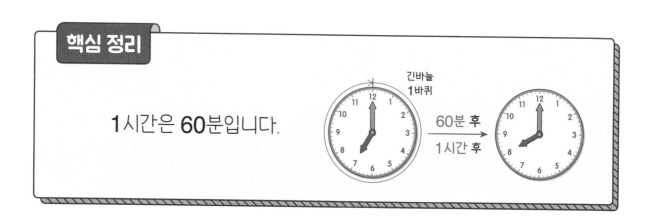

긴바늘
1바퀴

60분 후
1시간 후

시간 띠

동그란 시계의 한쪽을 잘라 길게 펼치면 1시간을 기다란 띠 모양으로 바꿀 수 있습니다.
이것을 '시간 띠'라고 불러요. 시간 띠를 이용하면 '시간'을 '분'으로 바꾸기 쉬워요.

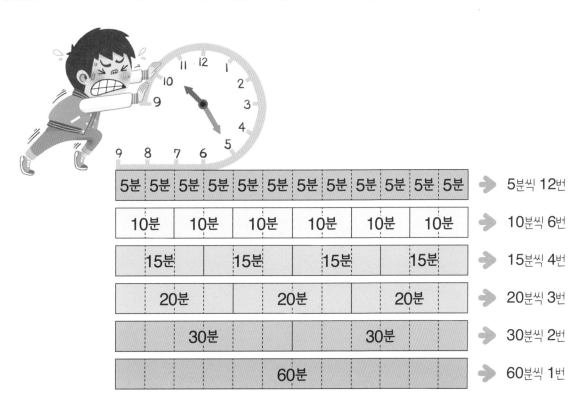

예제 1시간 30분은 몇 분일까요?

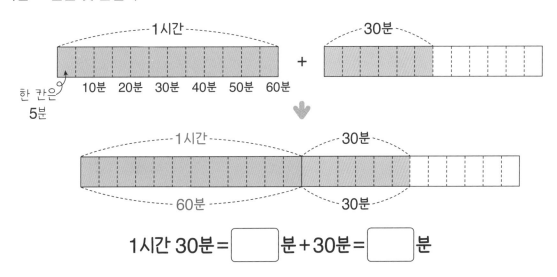

1시간 30분 = ☐ 분 + 30분 = ☐ 분

시간의 단위 ①

1 시간 띠에 시간만큼 색칠하세요.

20분

| 0분 | 10분 | 20분 | 30분 | 40분 | 50분 | 60분 |

45분

| 0분 | 10분 | 20분 | 30분 | 40분 | 50분 | 60분 |

80분

| 0분 | | | | | 60분 | | | | | 120분 |

2 ☐ 안에 알맞은 수를 쓰세요.

1시간 = ☐ 분   60분 = ☐ 시간

2시간 = ☐ 분   120분 = ☐ 시간

3시간 = ☐ 분   180분 = ☐ 시간

4시간 = ☐ 분   240분 = ☐ 시간

3 시간 띠에 시간만큼 색칠하고, ☐ 안에 알맞은 수를 쓰세요.

1시간 10분

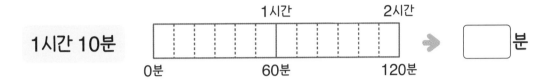

➡ ☐ 분

1시간 40분

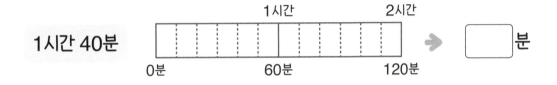

➡ ☐ 분

1시간 25분

1시간   2시간

0분   60분   120분

➡ ☐ 분

4 ☐ 안에 알맞은 수를 쓰세요.

1시간 20분 = ☐1☐ 시간 + ☐20☐ 분

        = ☐ 분 + ☐ 분

        = ☐ 분

100분 = ☐60☐ 분 + ☐40☐ 분

    = ☐ 시간 + ☐ 분

    = ☐ 시간 ☐ 분

2시간 15분 = ☐ 시간 + ☐ 분

        = ☐ 분 + ☐ 분

        = ☐ 분

130분 = ☐ 분 + ☐ 분

    = ☐ 시간 + ☐ 분

    = ☐ 시간 ☐ 분

시간 조각

60분을 피자처럼 생각하고 똑같은 크기로 나누어 보세요. 2조각, 3조각, …으로 나누면 한 조각은 각각 몇 분을 나타낼까요?

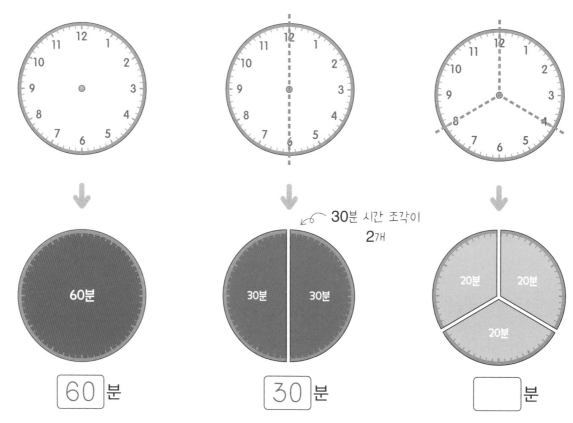

30분 시간 조각이 2개

60 분   30 분   □ 분

5분, 10분, 15분, 20분, 30분 시간 조각으로 시계를 겹치는 부분 없이 꼭 맞게 채워 1시간을 만들 수 있어요.

피자 조각이 크면 더 많이 먹을 수 있는 것처럼 시간 조각이 클수록 더 많은 시간을 나타내지요. 활동지 속 시간 조각으로 시간에 따른 조각의 크기를 비교해 보세요.

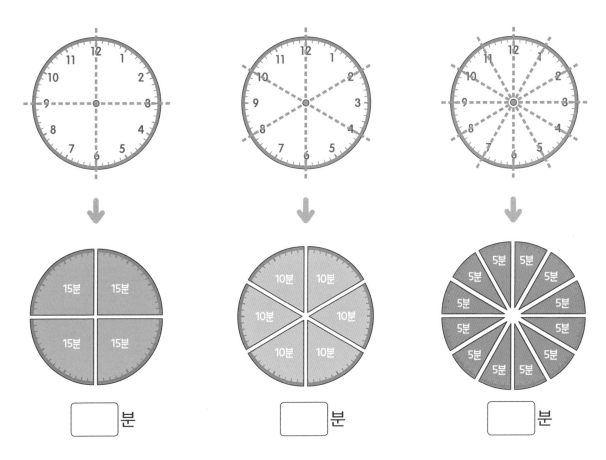

| 분 | | 분 | | 분 |

시간 조각 활동지를 이용하여
나만의 방법으로 시계를 가득 채워
1시간을 만들어 보세요.

시간의 단위 ②

1 색칠한 부분이 나타내는 시간을 쓰세요.

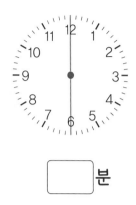

[   ] 분

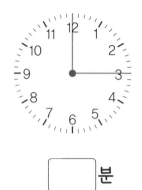

[   ] 분

[   ] 분

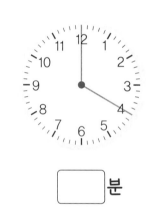

[   ] 분

[   ] 분

[   ] 분

2 보기 의 시간 조각을 이용하여 여러 가지 방법으로 **1**시간을 만들어 보세요.

보기

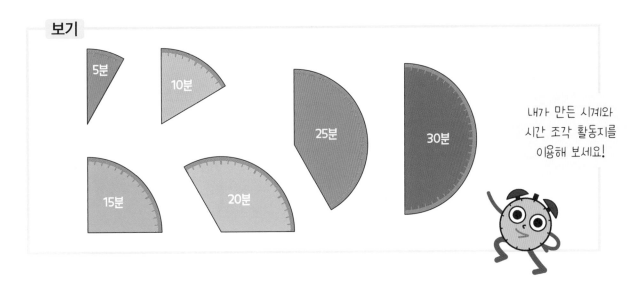

내가 만든 시계와
시간 조각 활동지를
이용해 보세요!

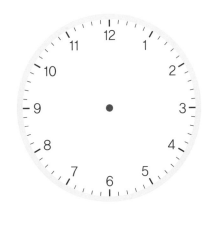

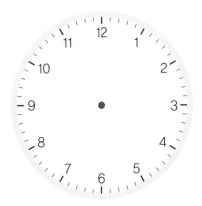

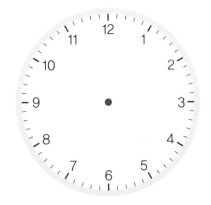

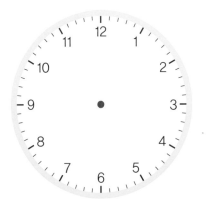

몇 분 후

수학 학원 수업은 5시에 시작해서 40분 후에 끝납니다. 수학 학원 수업이 끝나는 시각은 몇 시 몇 분일까요?

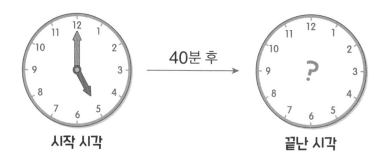

시작 시각   40분 후 →   끝난 시각

5시에서 40분이 지난 시각을 시간 수직선과 시계로 알아볼까요?

❶ 시간 수직선 이용하기

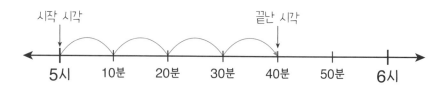

❷ 시계 이용하기

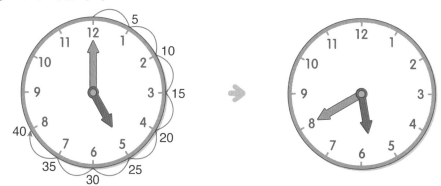

수학 학원 수업이 끝나는 시각은 [ ]시 [ ]분입니다.

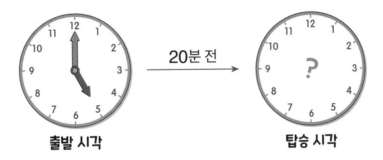

몇 분 전

우진이네 가족은 제주도 여행을 갑니다. 제주도행 비행기 출발 시각은 5시이고, 출발 시각 20분 전에 비행기에 타야 합니다. 비행기 탑승 시각은 몇 시 몇 분일까요?

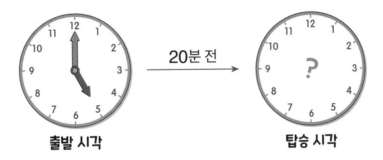

5시의 20분 전 시각을 시간 수직선과 시계로 알아볼까요?

❶ 시간 수직선 이용하기

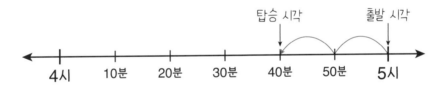

❷ 시계 이용하기

비행기 탑승 시각은 ☐시 ☐분입니다.

시간의 흐름 ①

1 시간 수직선을 이용하여 시각을 구하세요.

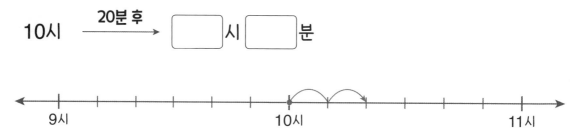

10시 —20분 후→ [   ]시 [   ]분

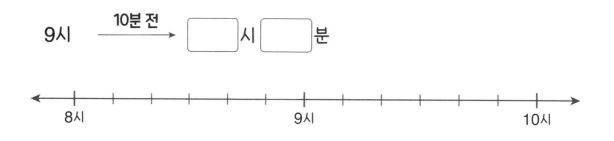

9시 —10분 전→ [   ]시 [   ]분

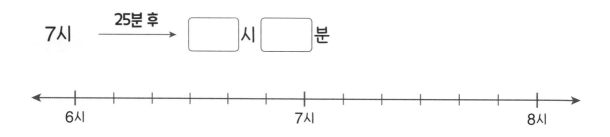

7시 —25분 후→ [   ]시 [   ]분

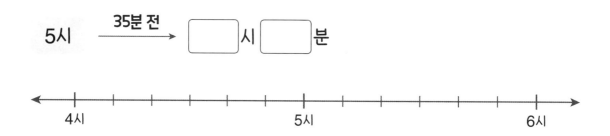

5시 —35분 전→ [   ]시 [   ]분

2 시각에 맞게 시곗바늘을 그리고, 시각을 쓰세요.

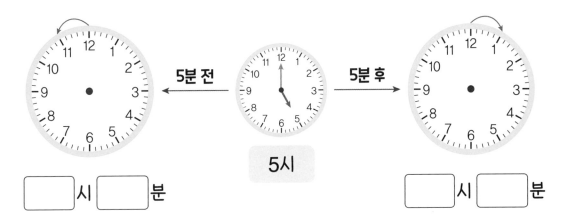

5분 전 ← 5시 → 5분 후

◻시 ◻분   ◻시 ◻분

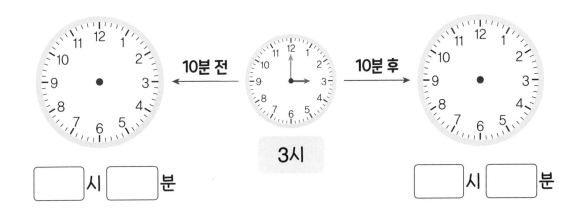

10분 전 ← 3시 → 10분 후

◻시 ◻분   ◻시 ◻분

15분 전 ← 7시 → 15분 후

◻시 ◻분   ◻시 ◻분

19강 시간의 흐름②

걸린 시간

시간은 지금이 '몇 시 몇 분'인지 알려줄 뿐만 아니라 '무엇을 하는 데 얼마나 오래 걸리는지' 알 수 있어요. 어떤 일을 시작한 시각과 끝낸 시각을 잘 보고, 앞에서 배운 시간 띠를 이용해 걸린 시간을 알아볼까요?

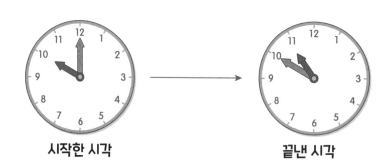

시작한 시각 　　　　　　　　　　　　끝낸 시각

❶ 시작한 시각과 끝낸 시각을 쓰세요.

시작한 시각 : ☐ 시　　　　　　끝낸 시각 : ☐ 시 ☐ 분

❷ 시간 띠에 끝낸 시각을 화살표로 표시해 보세요.

시작한 시각

10시　10분　20분　30분　40분　50분　11시

❸ 시작한 시각부터 끝낸 시각까지 시간 띠를 색칠해 보세요.

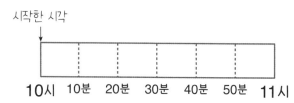

10시　10분　20분　30분　40분　50분　11시

← 10분씩 ☐ 칸만큼 색칠했어요.

❹ 걸린 시간은 ☐ 분입니다.

예제 시작한 시각과 끝낸 시각을 시간 띠에 나타내고 걸린 시간을 구하세요.

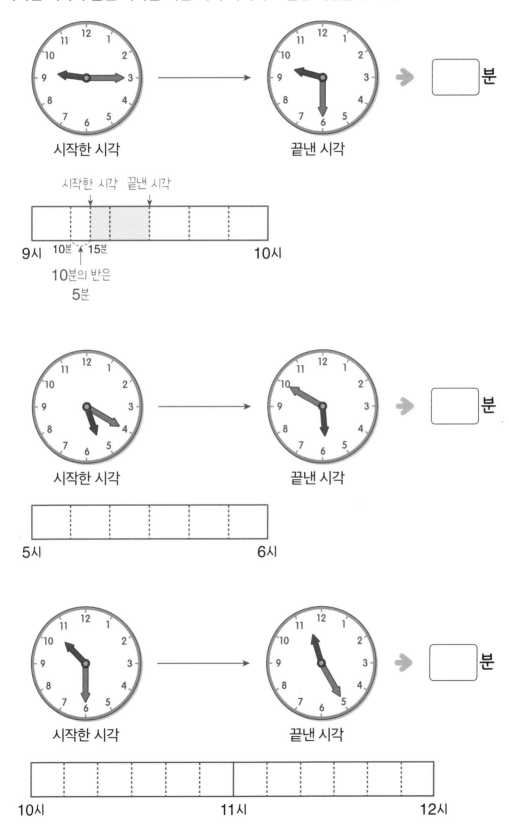

시작한 시각   끝낸 시각   [ ]분

시작한 시각   끝낸 시각

9시   10분   15분   10시
10분의 반은
5분

시작한 시각   끝낸 시각   [ ]분

5시   6시

시작한 시각   끝낸 시각   [ ]분

10시   11시   12시

1 시간 띠를 이용하여 두 시각 사이의 시간을 구하세요.

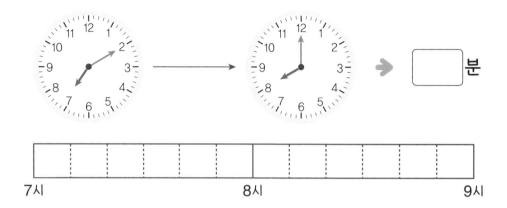

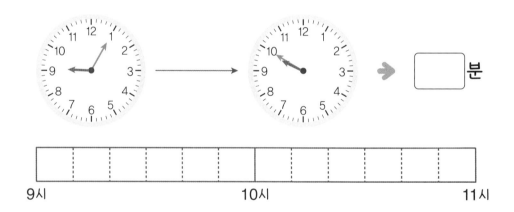

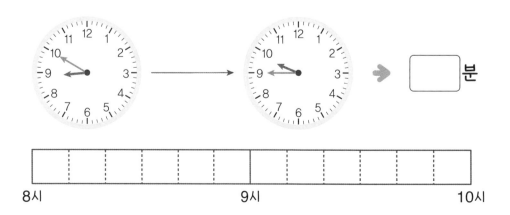

2 시계를 보고 문장을 완성하세요.

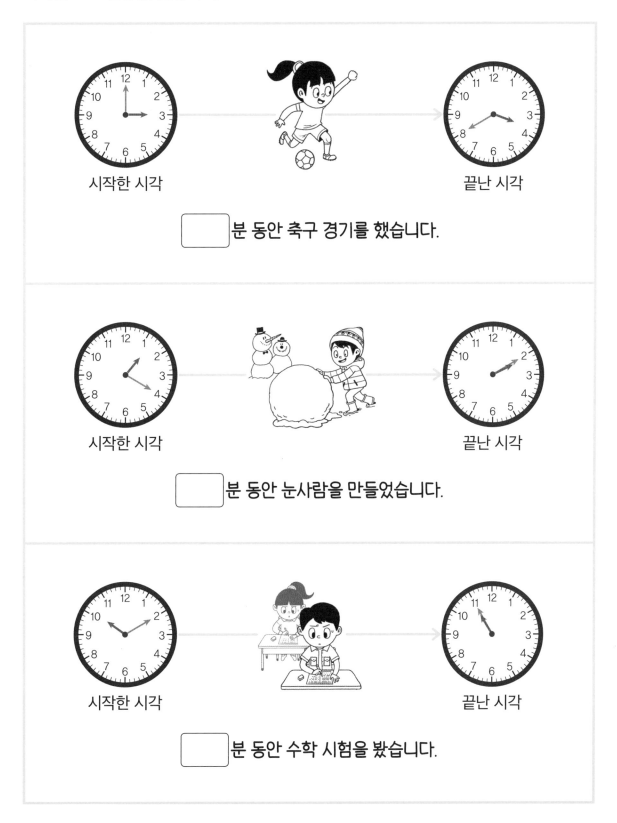

시작한 시각   끝난 시각

☐ 분 동안 축구 경기를 했습니다.

시작한 시각   끝난 시각

☐ 분 동안 눈사람을 만들었습니다.

시작한 시각   끝난 시각

☐ 분 동안 수학 시험을 봤습니다.

생활 속 시간

오전+오후=하루

우리는 시계에서 똑같은 시각을 하루에 두 번씩 볼 수 있어요.
이때 낮 12시인 정오를 기준으로 오전과 오후로 나누어 표시해요.
학교 수업이 시작하는 오전 9시, 잠을 자기 시작하는 오후 9시처럼요.

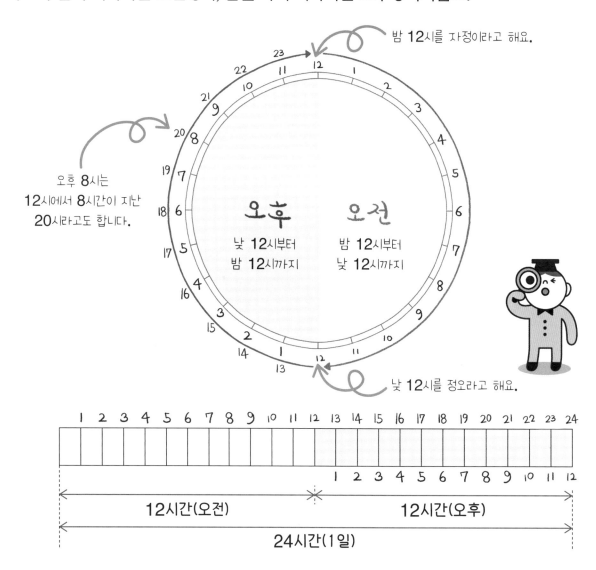

밤 12시를 자정이라고 해요.

오후 8시는
12시에서 8시간이 지난
20시라고도 합니다.

오후
낮 12시부터
밤 12시까지

오전
밤 12시부터
낮 12시까지

낮 12시를 정오라고 해요.

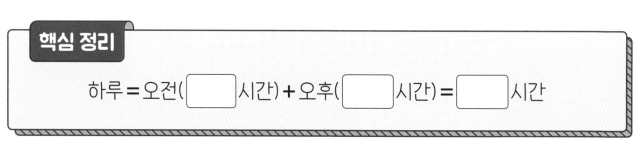

12시간(오전)　　　12시간(오후)

24시간(1일)

핵심 정리

하루=오전(☐ 시간)+오후(☐ 시간)= ☐ 시간

언제 일어나고 언제 학교에 가나요?
하루 **24**시간을 나누어
나의 하루 생활 계획표를 만들어 보세요.

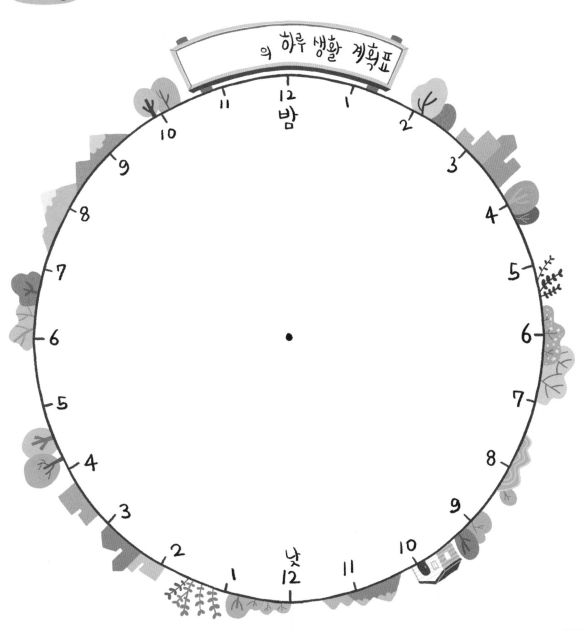

의 하루 생활 계획표

생활 속 시간

일주일

오늘은 무슨 요일인가요? 미술 수업이 있는 목요일인가요? 피아노 학원에 가는 금요일인가요? 아니면 학교에 가지 않는 토요일인가요?

학교에 가는 월요일, 화요일, 수요일, 목요일, 금요일과 학교에 가지 않는 토요일과 일요일이 계속해서 반복됩니다. 이렇게 월요일부터 일요일까지의 시간을 '일주일'이라고 합니다.

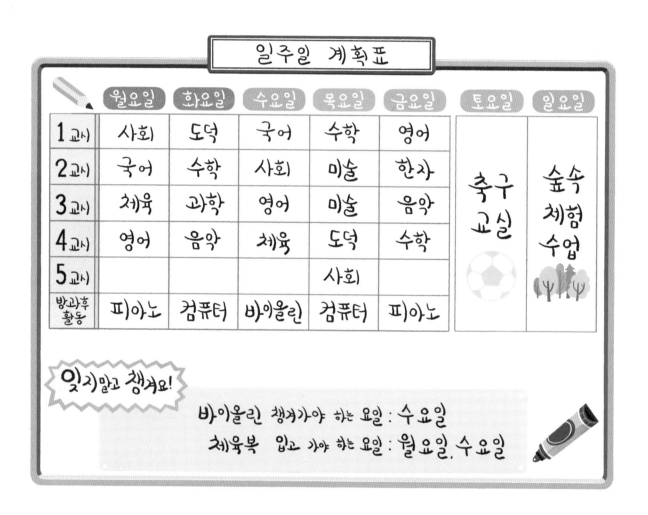

일주일 계획표

	월요일	화요일	수요일	목요일	금요일	토요일	일요일
1교시	사회	도덕	국어	수학	영어	축구교실	숲속 체험 수업
2교시	국어	수학	사회	미술	한자		
3교시	체육	과학	영어	미술	음악		
4교시	영어	음악	체육	도덕	수학		
5교시				사회			
방과후 활동	피아노	컴퓨터	바이올린	컴퓨터	피아노		

잊지말고 챙겨요!

바이올린 챙겨가야 하는 요일 : 수요일
체육복 입고 가야 하는 요일 : 월요일, 수요일

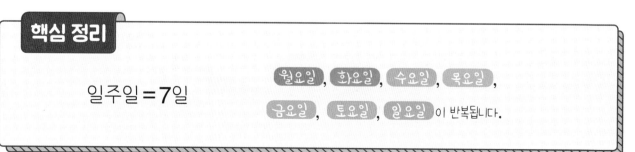

핵심 정리

일주일 = 7일

월요일, 화요일, 수요일, 목요일, 금요일, 토요일, 일요일 이 반복됩니다.

월요일, 화요일, 수요일, 목요일, 금요일은 학교에서 수업을 듣고
학교가 끝나고 나서는 친구들과 놀거나, 학원에 가지요.
주말인 토요일과 일요일에는 어떤 계획이 있나요?
나의 일주일 생활 계획표를 만들어 볼까요?

의 일주일 계획표

	월요일	화요일	수요일	목요일	금요일	토요일	일요일
1교시							
2교시							
3교시							
4교시							
5교시							
방과후 활동							

메모

달력 알아보기

달력은 1년을 열두 달로 나누어 1월 1일 첫날부터 12월 31일 마지막 날까지 날짜와 요일을 적어 놓은 거예요. 달력을 보면 지금이 몇 월인지, 며칠인지, 무슨 요일인지 알 수 있어요. 친구들이 제일 좋아하는 어린이날이 있는 5월 달력을 살펴볼까요?

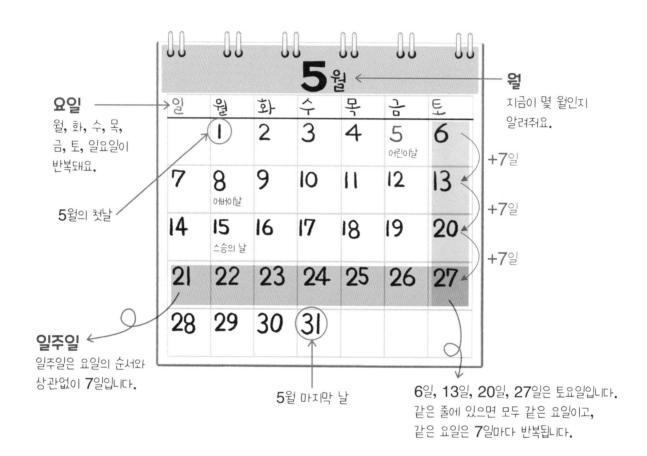

요일
월, 화, 수, 목, 금, 토, 일요일이 반복돼요.

5월의 첫날

월
지금이 몇 월인지 알려줘요.

+7일

+7일

+7일

일주일
일주일은 요일의 순서와 상관없이 7일입니다.

5월 마지막 날

6일, 13일, 20일, 27일은 토요일입니다. 같은 줄에 있으면 모두 같은 요일이고, 같은 요일은 7일마다 반복됩니다.

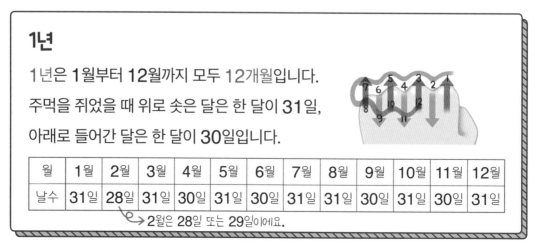

1년

1년은 1월부터 12월까지 모두 12개월입니다.
주먹을 쥐었을 때 위로 솟은 달은 한 달이 31일,
아래로 들어간 달은 한 달이 30일입니다.

월	1월	2월	3월	4월	5월	6월	7월	8월	9월	10월	11월	12월
날수	31일	28일	31일	30일	31일	30일	31일	31일	30일	31일	30일	31일

➜ 2월은 28일 또는 29일이에요.

이번 방학에는 어떤 일들이 있을까요?
달력에 방학이 시작하는 날짜와 방학이 끝나는 날짜를 표시하고
방학 동안 무엇을 할지 방학 생활 계획표를 만들어 보세요.

_____의 방학 생활 계획표

월

일	월	화	수	목	금	토

월

일	월	화	수	목	금	토

한눈에 보는 생활 속 시간

1시간 = 60분

60분

1시간

1시간은 시계의 긴바늘이
한 바퀴 도는 데 걸리는 시간

하루 = 24시간

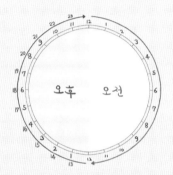

오후　　오전

전날 밤 12시 ~ 낮 12시를 오전
낮 12시 ~ 밤 12시를 오후

**생활 속
시간**

일주일 = 7일

월요일　화요일　수요일　목요일
금요일　토요일　일요일

일주일은 월요일부터 일요일까지의 7일
같은 요일은 7일마다 반복됩니다.

1년 = 12개월

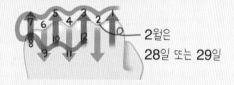

2월은
28일 또는 29일

1년은 1월부터 12월까지 12개월
1, 3, 5, 7, 8, 10, 12월은 31일
4, 6, 9, 11월은 30일

딱 보면 바로 아는 시계보기 정답

아날로그시계를 알아보자

우리 주변에는 다양한 시계가 있어요. 그중에서 벽시계, 손목시계처럼 시곗바늘로 시각을 알려주는 시계를 아날로그시계라고 해요. 시계 위에서 빙글빙글 돌아가고 있는 긴바늘과 짧은바늘을 보고 몇 시인지 알 수 있어요.

아날로그시계는 1부터 12까지의 숫자가 있고 '몇 시'인지 알려주는 시침과 '몇 분'인지 알려주는 분침이 있어요.

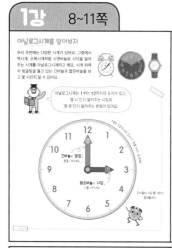

디지털시계를 알아보자

디지털시계에는 아날로그시계와 달리 시곗바늘이 없어요. 대신 화면에 나타낸 숫자로 지금 몇 시인지 알 수 있어요. 디지털시계는 가운데 방점(:)을 기준으로 왼쪽의 숫자가 몇 시인지, 오른쪽 숫자는 몇 분인지 알려줘요.

디지털시계는 시곗바늘 대신 방점을 기준으로 왼쪽의 숫자가 몇 시인지, 오른쪽 숫자는 몇 분인지 알려주고 디지털시계를 읽을 때 맨 앞에 있는 0은 읽지 않아요.

0, 1, 2, 3, 4, 5, 6, 7, 8, 9

1 시침은 빨간색, 분침은 파란색으로 색칠하세요.

3 예시를 보고 칸을 색칠하여 0부터 9까지 디지털 숫자를 나타내 보세요.

0 1 2 3 4 5 6 7 8 9

2 빈 곳에 알맞은 숫자를 쓰세요.

4 디지털시계로 자유롭게 시각을 나타내 보세요.

03:00   12:30

□□:□□   □□:□□

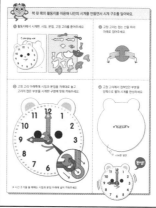

내가 만든 시계

귀여운 시계가 완성됐어요. 내가 만든 시계를 자세히 살펴보면 제일 위 가운데에 12가 있고, 오른쪽 방향으로 차례대로 1, 2, 3, 4, 5, 6, 7, 8, 9, 10, 11이 있어요. 1부터 12까지 숫자가 있는 곳에는 큰 눈금이, 큰 눈금과 큰 눈금 사이에는 작은 눈금이 있어요. 시곗바늘이 각 눈금을 가리키면서 지금 몇 시인지 알려줘요.

1 빈 곳에 알맞은 수나 말을 보기에서 찾아 쓰세요.

보기
1, 2, 3, 4, 5, 6, 7, 8, 9, 10, 11, 12, 시침, 분침, 큰 눈금, 작은 눈금

작은 눈금 / 분침 / 11 12 1 / 시침 / 큰 눈금

2 시곗바늘이 움직이는 방향을 찾아 ○표 하세요.

3 시계에 대한 설명입니다. 옳은 설명에 ○표, 틀린 설명에 ×표 하세요.

긴바늘을 분침이라고 합니다. ( )   짧은바늘을 분침이라고 합니다. ( )

길이가 다른 시곗바늘이 2개 있습니다. ( )   길이가 같은 시곗바늘이 2개 있습니다. ( )

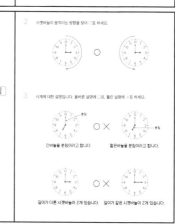

'몇 시' 알기

아날로그시계를 읽을 때는 긴바늘과 짧은바늘이 가리키는 숫자를 잘 살펴봐야 해요. 긴바늘이 12를 가리키면 몇 시를 나타내요. 시계가 몇 시를 나타내는지 알아볼까요?

아날로그시계에서 '몇 시' 보는 방법
① 짧은바늘이 8을 가리킵니다. → [8]시
② 긴바늘이 12를 가리킵니다.
③ 시계가 나타내는 시각은 정리 [8]시입니다.

'몇 시' 바르게 읽기

시계를 보고 시각을 읽을 때에는 '일 시, 이 시, 삼 시'처럼 숫자를 그대로 읽지 않고 한 시, 두 시, 세 시로 읽어야 해요. 내가 읽은 시계의 짧은바늘을 돌리면서 1시부터 '12시'까지 모두 소리 내어 읽어 보세요.

짧은바늘이 가리키는	쓰기	읽기
1	1시	한 시
2	2시	두 시
3	3시	세 시
4	4시	네 시
5	5시	다섯 시
6	6시	여섯 시
7	7시	일곱 시
8	8시	여덟 시
9	9시	아홉 시
10	10시	열 시
11	11시	열한 시
12	12시	열두 시

핵심 정리
11시 열한 시   3시 세 시

1 시계를 보고 시각을 쓰세요.

[11]시   [9]시

[3]시   [5]시

[12]시   [8]시

2 같은 시각을 나타내도록 디지털시계에 숫자를 쓰세요.

01:00   08:00   07:00

04:00   10:00   06:00

12:00   07:00   02:00

3 같은 시각을 나타내도록 아날로그시계에 시곗바늘을 그려보세요.

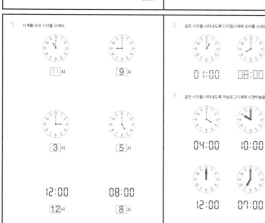

'몇 시 30분' 알기

이번에는 '몇 시 30분'을 알아볼 거예요. '분'을 나타내는 긴바늘이 6을 가리키면 30분이에요. 이 때 '몇 시'를 나타내는 짧은바늘은 숫자와 숫자 사이의 한가운데를 가리키고 있는데 두 숫자 중 지나온 숫자로 시를 붙여 읽어요.

30분 시계 보는 방법

지나온 숫자 읽기

3시 30분   4시 30분   10시 30분   11시 30분

아날로그시계에서 '몇 시 30분' 보는 방법
① 짧은바늘이 1과 2 사이를 가리킵니다. → [1]시
② 긴바늘이 6을 가리킵니다. → [30]분
③ 시계가 나타내는 시간은 [1]시 [30]분입니다.

핵심 정리
2시 30분   8시 30분

'몇 시 30분'일 때 긴바늘은 숫자 6을 가리킵니다.

1 시계를 보고 시각을 쓰세요.

[3]시 [30]분   [12]시 [30]분

[8]시 [30]분   [7]시 [30]분

[11]시 [30]분   [5]시 [30]분

2 같은 시각을 나타내도록 디지털시계에 숫자를 쓰세요.

01:30   10:30   04:30

06:30   12:30   08:30

11:30   02:30   09:30

3 같은 시각을 나타내도록 아날로그시계에 시곗바늘을 그려보세요.

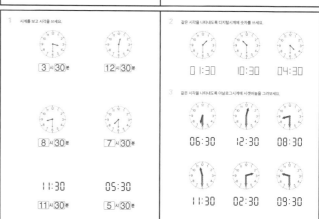

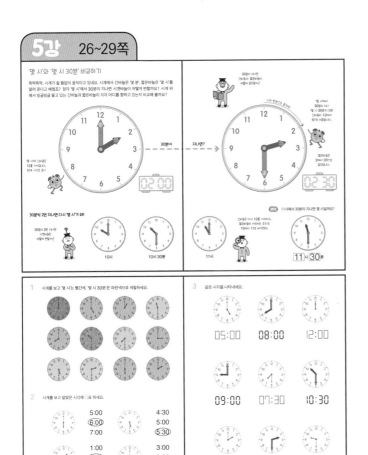

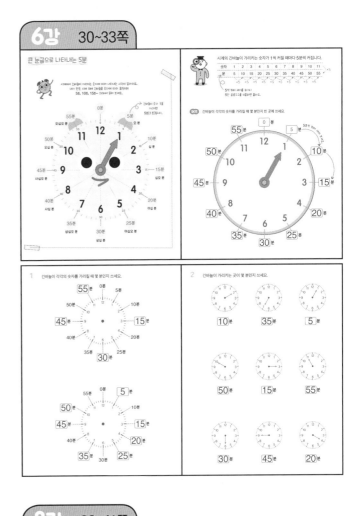

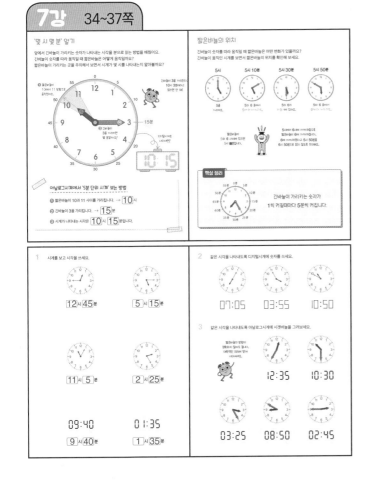

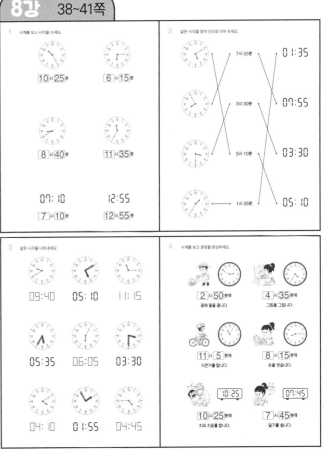

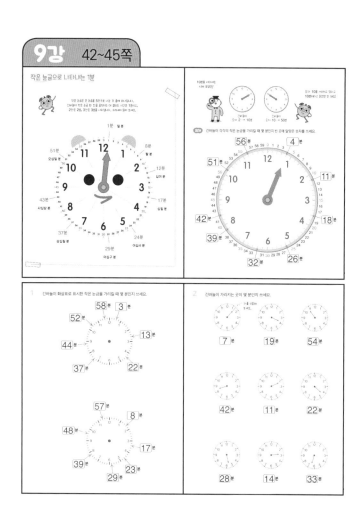

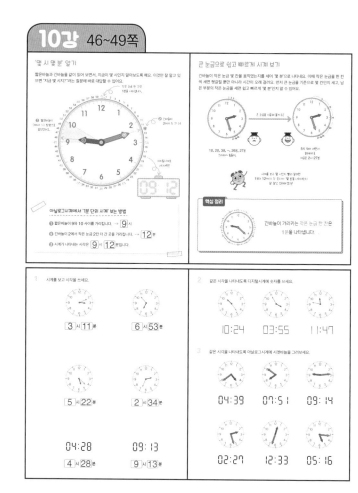

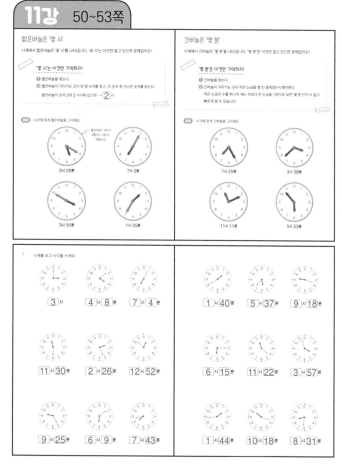

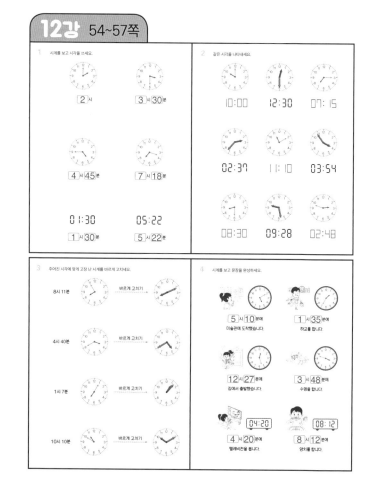

13강 58~61쪽

거울에 비친 시계

거울로 시계를 보면 왼쪽과 오른쪽이 바뀌어 보여요. 하지만 시계 보는 방법은 다르지 않아요. 긴바늘과 짧은바늘이 어디를 향하고 있는지를 잘 확인하면 거울에 비친 시계 문제의 풀 수 있어요.

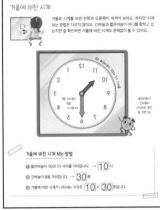

거울에 비친 시계 보는 방법
① 짧은바늘이 10과 11 사이를 가리킵니다. → 10시
② 긴바늘이 6을 가리킵니다. → 30분
③ 거울에 비친 시계가 나타내는 시각은 10시 30분입니다.

거울에 비친 숫자

거울 앞에 서 보세요. 오른쪽 손을 들면 거울 속의 나는 왼쪽 손을 들고 있고, 왼쪽으로 V를 하면 거울 속의 나는 오른쪽으로 V를 하고 있어요. 거울 속에서는 오른쪽과 왼쪽이 바뀌어 보이기 때문이죠. 그럼 거울 속에서 숫자는 어떻게 보일까요?

핵심 정리
거울에 비친 시계는 왼쪽과 오른쪽이 바뀌어 보입니다.

1 거울에 비친 시계를 보고 빈 곳에 알맞은 수를 쓰세요.

짧은바늘이 [2]와 [3] 사이를 가리키고
긴바늘이 [5]를 가리킵니다.

짧은바늘이 [11]과 [12] 사이를 가리키고
긴바늘이 [4]를 가리킵니다.

짧은바늘이 [8]과 [9] 사이를 가리키고
긴바늘이 [7]를 가리킵니다.

짧은바늘이 [4]와 [5] 사이를 가리키고
긴바늘이 [11]을 가리킵니다.

2 거울에 비친 시계를 보고 시각을 쓰세요.

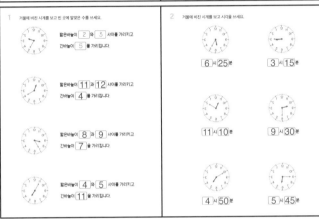

[6]시 [25]분   [3]시 [15]분

[11]시 [10]분   [9]시 [30]분

[4]시 [50]분   [5]시 [45]분

14강 62~65쪽

몇 시 반

피자 반 판, 사과 반 개처럼 '반'이라는 말은 똑같이 둘로 나눈 것의 한 부분을 말해요. 시계에도 반 반을 가리키는 시계 모양이 있어요. 바로 '몇 시 30분'일 때 시계의 긴바늘은 12에서 6으로 쪽 반바퀴를 움직여요. 그래서 '시 30분'은 '몇 시 반'이라고 읽기도 해요.

7시 30분 / 7시 반   10시 30분 / 10시 반

5시 30분 / 5시 반   2시 40분 / 3시 20분

몇 시 몇 분 전

'5시 10분'과 '5시 10분 전'은 같은 시각일까요? 5시 10분은 5시에서 10분이 지난 시각이고, 5시 10분 전은 5시가 되기까지 10분이 남았다는 뜻으로 4시 50분이에요. 이와 같이 정각에 다가가는 시간이 조금 남았을 때 '몇 시 몇 분 전'을 '몇 시 몇 분 전'으로 나타낼 수 있어요.

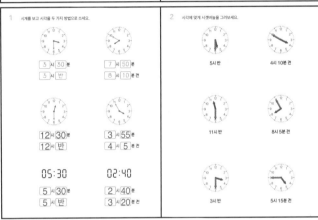

6시 55분 / 7시 5분 전   2시 45분 / 3시 15분 전

1 시계를 보고 시각을 두 가지 방법으로 쓰세요.

[3]시 [30]분   [7]시 [50]분
[3]시 반   [8]시 [10]분 전

[12]시 [30]분   [3]시 [55]분
[12]시 반   [4]시 [5]분 전

05:30   02:40
[5]시 [30]분   [2]시 [40]분
[5]시 반   [3]시 [20]분 전

2 시각에 맞게 시곗바늘을 그려보세요.

5시 반   4시 10분 전

11시 반   8시 5분 전

3시 반   5시 15분 전

15강 68~71쪽

시각과 시간

'시각'과 '시간', 한 글자만 다른데 어떻게 다를까요? '시각'은 지금이 '몇 시 몇 분'인지를 나타내고, '시간'은 무엇을 하는 데 얼마나 오래 걸리는지를 말합니다. 시계는 '시각'과 '시간'을 모두 포함하고 있어서 시계를 보면 몇 시인지 뿐만 아니라 시간까지 알 수 있어요.

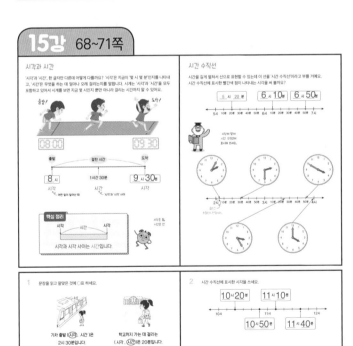

핵심 정리
시각 ~ 시각
시각과 시각 사이가 시간입니다.

시간 수직선

시간의 길게 펼쳐서 선으로 표현할 수 있는데 이 선을 '시간 수직선'이라고 부를 게요. 시간 수직선에 표시된 빨간색 점이 나타내는 시각은 몇 시일까요?

5시 20분   6시 10분   6시 50분

1 문장을 읽고 알맞은 것에 ◯표 하세요.

기차 출발 (시각)은 2시 30분입니다.

학교까지 가는 데 걸리는 (시간)은 20분입니다.

(2시) 2시 30분에 할머니 집에 도착합니다.

(1시간) 동안 책을 읽었습니다.

산 정상에 도착하는 데 (3시간)이 걸렸습니다.

(2시 30분) 2시 30분에 영화가 시작합니다.

2 시간 수직선에 표시된 시각을 쓰세요.

[10]시 [20]분   [11]시 [10]분
[10]시 [50]분   [11]시 [40]분

3 시간 수직선에 표시된 시각을 나타낸 시계에 ◯표 하세요.

16강 72~75쪽

시간과 분 사이의 관계

시계에서 긴바늘이 한 바퀴 도는 동안 짧은바늘은 숫자 한 칸을 움직입니다. 긴바늘이 시계 한 바퀴 도는 데 걸리는 시간은 60분이고, 긴바늘이 한 바퀴 도는 시간과 짧은바늘이 숫자 한 칸을 움직이는 시간은 같으므로 1시간은 60분입니다. 시계를 보면서 긴바늘과 짧은바늘의 움직임을 살펴볼까요?

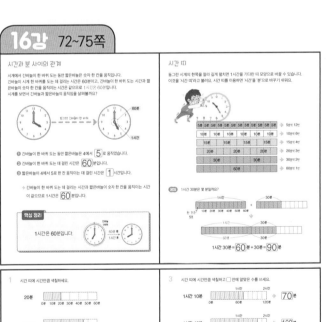

① 긴바늘이 한 바퀴 도는 동안 짧은바늘은 4에서 [5]로 움직였습니다.
② 긴바늘이 한 바퀴 도는 데 걸린 시간은 [60]분입니다.
③ 짧은바늘이 4에서 5로 한 칸 움직이는 데 걸린 시간은 [1]시간입니다.

긴바늘이 한 바퀴 도는 데 걸리는 시간과 짧은바늘이 숫자 한 칸을 움직이는 시간이 같으므로 1시간은 [60]분입니다.

핵심 정리
1시간은 60분입니다.

시간 띠

둥그런 시계의 한쪽을 잘라 길게 펼치면 1시간을 기다란 띠 모양으로 바꿀 수 있어요. 이것을 '시간 띠'라고 불러요. 시간 띠를 이용하면 '시간'을 '분'으로 바꾸기 쉬워요.

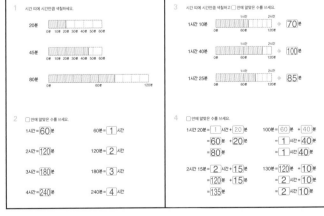

1시간 30분은 몇 분일까요?

1시간 30분=[60]분+[30]분=[90]분

1 시간 띠에 시간만큼 색칠하세요.

20분

45분

80분

2 ☐ 안에 알맞은 수를 쓰세요.

1시간=[60]분   60분=[1]시간
2시간=[120]분   120분=[2]시간
3시간=[180]분   180분=[3]시간
4시간=[240]분   240분=[4]시간

3 시간 띠에 시간만큼 색칠하고 ☐ 안에 알맞은 수를 쓰세요.

1시간 10분 → [70]분

1시간 40분 → [100]분

1시간 25분 → [85]분

4 ☐ 안에 알맞은 수를 쓰세요.

1시간 20분=[1]시간 + [20]분
=[60]분+[20]분
=[80]분

2시간 15분=[2]시간 + [15]분
=[120]분+[15]분
=[135]분

100분=[60]분 + [40]분
=[1]시간+[40]분
=[1]시간 40분

130분=[120]분 + [10]분
=[2]시간+[10]분
=[2]시간 10분

99

시간 조각

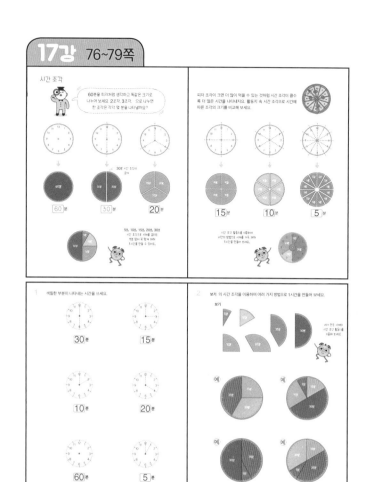

[60]분   [30]분   [20]분

[15]분   [10]분   [5]분

1 색칠한 부분이 나타내는 시간을 쓰세요.

[30]분   [15]분

[10]분   [20]분

[60]분   [5]분

2 보기 의 시간 조각을 이용하여 여러 가지 방법으로 1시간을 만들어 보세요.

보기

몇 분 후

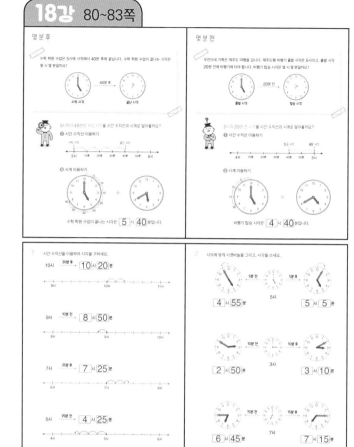

수학 학원 수업이 끝나는 시각은 [5]시 [40]분입니다.

몇 분 전

비행기 탑승 시각은 [4]시 [40]분입니다.

1 시간 수직선을 이용하여 시각을 구하세요.

10시 → 20분 후 → [10]시 [20]분

9시 → 10분 전 → [8]시 [50]분

7시 → 25분 후 → [7]시 [25]분

5시 → 35분 전 → [4]시 [25]분

2 시각에 맞게 시곗바늘을 그리고, 시각을 쓰세요.

[4]시 [55]분   [5]시 [5]분

[2]시 [50]분   [3]시 [10]분

[6]시 [45]분   [7]시 [15]분

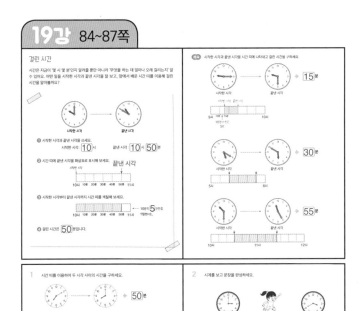

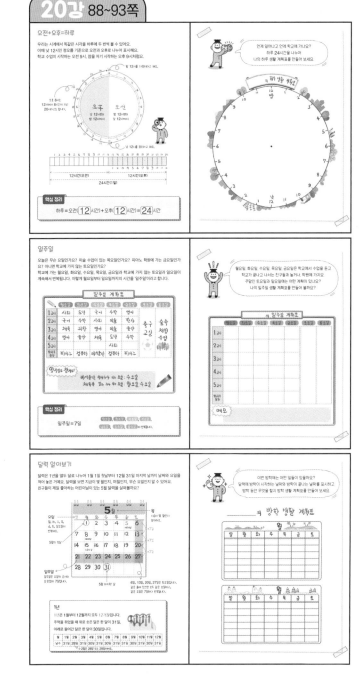

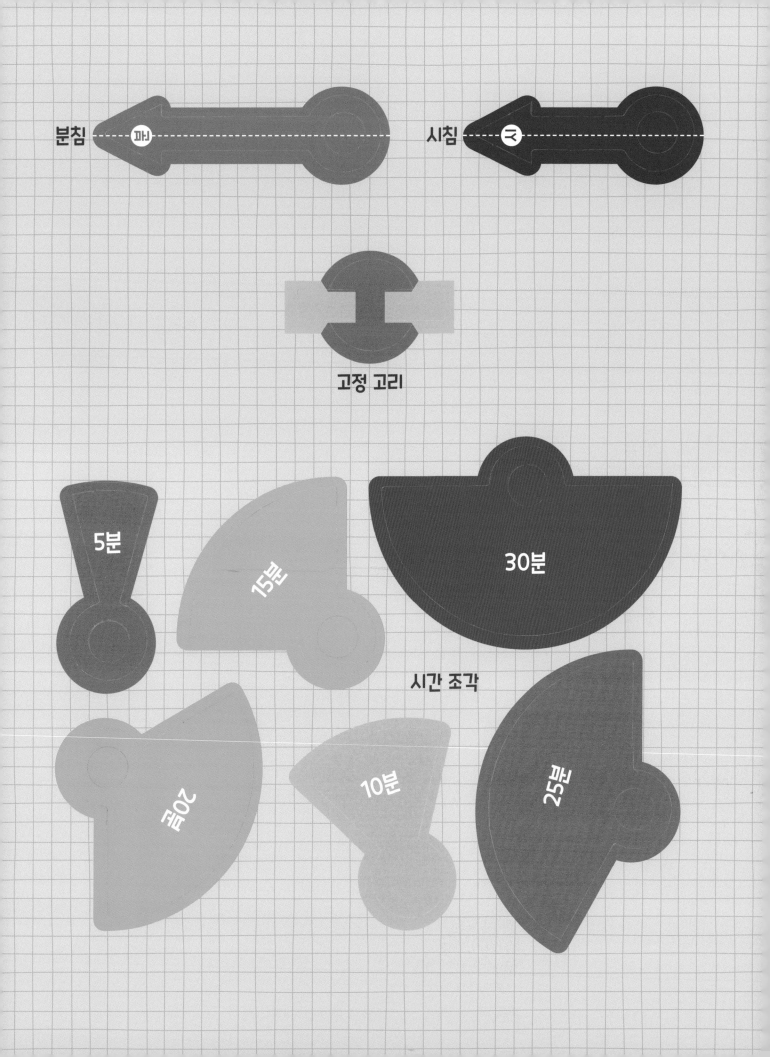

분침 ···· 파 ····

시침 ···· ㅈ ····

고정 고리

5분

15분

30분

시간 조각

20분

10분

25분